全国高等教育环境设计专业示范教材

计算机环境设计表现

詹华山 刘怀敏 李兰／编著

COMPUTER ENVIRONMENT DESIGN PERFORMANCE

重庆大学出版社

图书在版编目（CIP）数据

计算机环境设计表现/詹华山，刘怀敏，李兰编著.
—重庆：重庆大学出版社，2015.1

全国高等教育环境设计专业示范教材
ISBN 978-7-5624-8750-0

Ⅰ．①计⋯ Ⅱ．①詹⋯②刘⋯③李⋯ Ⅲ．环境设
计—计算机辅助设计—高等学校—教材 Ⅳ.①TU-856

中国版本图书馆CIP数据核字（2014）第286104号

全国高等教育环境设计专业示范教材

计算机环境设计表现 詹华山 刘怀敏 李兰 编著
JISUANJI HUANJING SHEJI BIAOXIAN

策划编辑：周 晓

责任编辑：陈 力 版式设计：汪 泳

责任校对：贾 梅 责任印制：赵 晟

重庆大学出版社出版发行

出版人：邓晓益

社 址：重庆市沙坪坝区大学城西路21号

邮 编：401331

电 话：（023）88617190 88617185（中小学）

传 真：（023）88617186 88617166

网 址：http://www.cqup.com.cn

邮 箱：fxk@cqup.com.cn（营销中心）

全国新华书店经销

重庆市金雅迪彩色印刷有限公司印刷

开本：787×1092 1/16 印张：6.25 字数：175千
2015年1月第1版 2015年1月第1次印刷
印数：1—5 000
ISBN 978-7-5624-8750-0 定价：48.00元

前　言

PREFACE

　　随着现代科技的发展，设计不仅仅局限在手绘描述上，无论是设计师还是客户，更应注重软件设计的表现方式，而在计算机网络日益发展的今天，各种设计想法都可以在设计软件中得以展现，通过软件的操作，可绘制出比手绘更加精准的设计"蓝图"。本书编写的特点是使用简单的软件基本命令来操作，并介绍常用的几个设计表现软件。重点立足于在实例操作中的融会贯通，特别是一些设计表现小技巧的应用。

　　本书详细地介绍了环境艺术设计表现的3个重要设计软件，融会贯通地对3个软件的基础知识进行了案例讲解。本书共分为4个章节：第一章，概括性地介绍了AutoCAD、3ds Max、Photoshop 3个常用软件的基本特点、功能和应用领域，以及3个软件之间的相互联系；第二章，主要讲解了AutoCAD的一些基本操作，相关制图工具和制图技巧结合紧密，利用一套家装案例对AutoCAD进行应用讲解；第三章，用一个家装的客厅案例对3ds Max软件的操作进行详细地讲解；第四章，运用Photoshop软件对设计表现图进行后期综合处理，使画面更能表达设计者的思想。

　　本书使用的软件版本为AutoCAD 2012、3ds Max2010、PhotoshopCS2。希望各位读者在学习时使用相同版本的软件，以防止出现版本之间的不兼容的问题。

　　本书由詹华山，刘怀敏，李兰编著，由于编写人员水平有限，且时间仓促，书中难免出现疏漏之处，恳请读者和同仁能够及时指出，共促本书质量的提高。

编　者

2014年5月于重庆

目 录

1 常用设计软件基本知识

1.1 常用设计软件介绍

1.1.1 AutoCAD软件介绍

AutoCAD软件是由美国欧特克有限公司（Autodesk）出品的一款自动计算机辅助设计软件，可用于绘制二维制图和基本三维设计。使用不需要懂得编程。因此，该软件在全球得到了广泛使用，可用于土木建筑、装饰装潢、园林景观、工程制图、电子工业、服装加工等多个领域。

（1）制图流程

AutoCAD制图流程为：前期与客户沟通出平面布置图，后期出施工图，施工图有平面布置图，顶面布置图，地材图，水电图，立面图，剖面图，节点图，大样图等。

（2）发展趋势

AutoCAD将向智能化、多元化方向发展，例如云计算三维核心技术将是未来发展趋势。

（3）软件格式

AutoCAD的文件格式主要有：

①dwg格式，AutoCAD的标准格式。

②dxf格式，AutoCAD的交换格式。

③dwt格式，AutoCAD的样板文件。

（4）应用领域

①工程制图：建筑工程、装饰设计、环境艺术设计、水电工程、土木施工等。

②工业制图：精密零件、模具、设备等。

③服装加工：服装制版。

④电子工业：印刷电路板设计。

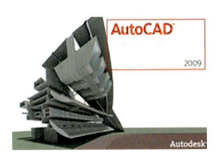

（5）基本特点

①具有完善的图形绘制功能。

②具有强大的图形编辑功能。

③可以采用多种方式进行二次开发或用户定制。

④可以进行多种图形格式的转换，具有较强的数据交换能力。

⑤支持多种硬件设备。

⑥支持多种操作平台。

⑦具有通用性、易用性，适用于各类用户，此外，从AutoCAD2000开始，该系统又增添了许多强大的功能，如AutoCAD设计中心（ADC）、多文档设计环境（MDE）、Internet驱动、新的对象捕捉功能、增强的标注功能以及局部打开和局部加载的功能。

（6）基本功能

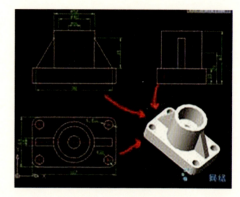

①平面绘图。能以多种方式创建直线、圆、椭圆、多边形、样条曲线等基本图形对象，绘图辅助工具，AutoCAD提供了正交、对象捕捉、极轴追踪、捕捉追踪等绘图辅助工具。正交功能可使用户很方便地绘制水平、竖直直线；对象捕捉可帮助拾取几何对象上的特殊点；而追踪功能可使画斜线及沿不同方向定位点变得更加容易。

②编辑图形。AutoCAD具有强大的编辑功能，可以移动、复制、旋转、阵列、拉伸、延长、修剪、缩放对象等。标注尺寸可创建多种类型尺寸，标注外观则可自行设定。书写文字，能轻易在图形的任何位置、沿任何方向书写文字，可设定文字字体、倾斜角度及宽度缩放比例等属性。图层管理功能则是图形对象都位于某一图层上，可设定图层颜色、线型、线宽等特性。

③三维绘图。可创建3D实体及表面模型，能对实体本身进行编辑。网络功能，可将图形发布在网络上，或是通过网络访问AutoCAD资源。数据交换，AutoCAD提供了多种图形图像数据交换格式及相应命令。二次开发，AutoCAD允许用户定制菜单和工具栏，并能利用内嵌语言Autolisp、Visual Lisp、VBA、ADS、ARX等进行二次开发。

1.1.2　Photoshop软件介绍

Adobe Photoshop，简称"PS"，是由Adobe Systems开发和发行的图像处理软件。Photoshop主要处理以像素构成的数字图像。使用其众多的编修与绘图工具，可以有效地进行图片编辑工作。PS使用领域较为广泛，在图像、图形、文字、视频、出版等各方面都有涉及。

2003年，Adobe Photoshop 8被更名为Adobe Photoshop CS。2013年7月，Adobe公司推出了最新版本的Photoshop CC，自此，Photoshop CS6作为Adobe CS系列的最后一个版本被新的CC系列所取代。

Adobe支持Windows操作系统 、安卓系统与Mac OS，但Linux操作系统用户可以通过使用Wine来运行Photoshop。

（1）适用范围

①专业测评。Photoshop的专长在于图像处理，而不是图形创作。图像处理，是对已有的位图图像进行编辑加工处理以及一些特效处理，其重点在于对图像的处理加工；图形创作软件则是按照自己的构思创意，使用矢量图形来设计图形。

②平面设计。平面设计是Photoshop应用较为广泛的领域，无论是图书封面，还是招贴、海报，这些平面印刷品都需要Photoshop软件对图像进行处理。

③广告摄影。广告摄影作为一种对视觉要求非常严格的工作，其最终成品往往要经过Photoshop的处理才能得到令人满意的效果。

④影像创意。影像创意是Photoshop的特长，通过Photoshop的处理可以将不同的对象组合在一起，从而使图像发生变化。

⑤网页制作。网络的普及促使更多的人了解和掌握Photoshop，因为在制作网页时Photoshop是必不可少的网页图像处理软件。

⑥后期修饰。在制作建筑效果图包括许多三维场景时，人物与配景包括场景的颜色常常需要在Photoshop中增加并调整。

⑦视觉创意。视觉创意与设计是设计艺术的一个分支，此类设计通常没有非常明显的商业目的，但由于其为广大设计爱好者提供了广阔的设计空间，因此越来越多的设计爱好者开始学习并使用Photoshop，并进行具有个人特色与风格的视觉创意。

⑧界面设计。界面设计是一个新兴的领域，受到越来越多的软件企业及开发者的重视。在当前还没有用于做界面设计的专业软件，因此绝大多数设计者使用的都是Photoshop软件。

（2）界面组成

从功能上看，Photoshop软件可分为图像编辑、图像合成、校色调色以及特效制作部分等。图像编辑是图像处理的基础，可以对图像做各种变换，如放大、缩小、旋转、倾斜、镜像、透视等；也可进行复制、去除斑点、修补、修饰图像的残损等。

图像合成则是将几幅图像通过图层操作、工具应用合成完整的、传达明确意义的图像，这是美术设计的必经之路；该软件提供的绘图工具可使外来图像与创意很好地融合。

校色调色可方便快捷地对图像的颜色进行明暗、色偏的调整和校正，也可在不同颜色进行切换以满足图像在不同领域，如网页设计、印刷、多媒体等方面应用。

特效制作在该软件中主要由滤镜、通道以及工具综合应用完成。包括图像的特效创意和特效字的制作，如油画、浮雕、石膏画、素描等常用的传统美术技巧都可借由该软件特效完成。

（3）基本功能

①标题栏。位于主窗口顶端，最左边是Photoshop标记，右边分别是最小化、最大化/还原和关闭按钮。

②属性栏。属性栏又称选项栏，在选中某个工具后，属性栏就会改变成相应工具的属性设置选项，可更改相应的选项。

③菜单栏。菜单栏为整个环境下所有窗口提供菜单控制，包括:文件、编辑、图像、图层、选择、滤镜、视图、窗口和帮助9项。Photoshop软件通过两种方式执行所有命令，一是菜单，二是快捷键。

④图像编辑窗口。中间窗口是图像窗口，它是Photoshop的主要工作区，用于显示图像文件。图像窗口带有自己的标题栏，提供了打开文件的基本信息，如文件名、缩放比例、颜色模式等。如同时打开两幅图像，可通过单击图像窗口进行切换。图像窗口切换可使用"Ctrl+Tab"键。

⑤状态栏。主窗口底部是状态栏, 由三部分组成。

a.文本行。说明当前所选工具和所进行操作的功能与作用等信息。

b.缩放栏。显示当前图像窗口的显示比例，用户也可在此窗口中输入数值后按回车键来改变显示比例。

c.预览框。单击右边的黑色三角按钮, 打开弹出菜单, 选择任一命令, 相应的信息就会在预览框中显示。

⑥工具箱。工具箱中的工具可用来选择、绘画、编辑以及查看图像。拖动工具箱的标题栏则可移动工具箱；单击可选中工具或移动光标到该工具上，属性栏会显示该工具的属性。有些工具的右下角有一个小三角形符号，这表示在工具位置上存在一个工具组，其中包括若干个相关工具。

⑦控制面板。共有14个面板，可通过"窗口/显示"来显示面板。按"Tab"键，自动隐藏命令面板、属性栏和工具箱，再次按键，则显示以上组件。按"Shift+Tab"键，则隐藏控制面板，保留工具箱。

（4）绘图模式

使用形状或钢笔工具时，可使用三种不同的模式进行绘制，在选定形状或钢笔工具时，可通过选择选项栏中的图标来选取一种模式。

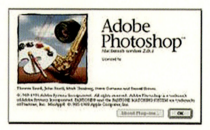

①形状图层。在单独的图层中创建形状，可以使用形状工具或钢笔工具来创建形状图层，因为其可以方便地移动、对齐、分布形状图层以及调整其大小，所以形状图层非常适于为Web页创建图形。可以选择在一个图层上绘制多个形状。形状图层包含定义形状颜色的填充图层以及定义形状轮廓的链接矢量蒙版。形状轮廓是路径，它出现在"路径"面板中。

②路径。在当前图层中绘制一个工作路径，随后可使用它来创建选区、创建矢量蒙版，或者使用颜色填充和描边以创建栅格图形（与使用绘画工具非常类似）。除非存储工作路径，否则它是一个临时路径，路径出现在"路径"面板中。

③填充像素。直接在图层上绘制，与绘画工具的功能非常类似。在此模式中工作时，创建的是栅格图像，而不是矢量图形。可以像处理任何栅格图像一样来处理绘制的形状。在此模式中只能使用形状工具。

（5）档案格式

①PSD。Photoshop默认保存的文件格式，可以保留所有图层、色版、通道、蒙版、路径、未栅格化文字以及图层样式等，但无法保存文件的操作历史记录。Adobe的其他软件产品，例如Premiere、Indesign、Illustrator等都可以直接导入PSD文件。

②PSB（Photoshop Big）。最高可保存长度和宽度不超过300 000像素的图像文件，此格式用于文件大小超过2 GB的文件，但只能在新版Photoshop中打开，其他软件以及旧版Photoshop不支持。

③PDD（Photo Deluxe Document）。此格式只用来支持Photo Deluxe的功能。Photo Deluxe现已停止开发。

④RAW。Photoshop RAW具Alpha通道的RGB、CMYK和灰度模式，以及没有Alpha通道的Lab、多通道、索引和双色调模式。

⑤BMP。BMP是Windows操作系统专有的图像格式，用于保存位图文件，最高可处理24位图像。支持位图、灰度、索引和RGB模式，但不支持Alpha通道。

⑥GIF。GIF格式因其采用LZW无损压缩方式并且支持透明背景和动画，被广泛运用于网络中。

⑦EPS。EPS是用于Postscript打印机上输出图像的文件格式，大多数图像处理软件都支持该格式。EPS格式能同时包含位图图像和矢量图形，并支持位图、灰度、索引、Lab、双色调、RGB以及CMYK。

⑧PDF。便携文档格式PDF支持索引、灰度、位图、RGB、CMYK以及Lab模式。具有文档搜索和导航功能，其同样支持位图和矢量。

⑨PNG。PNG作为GIF的替代品，可以无损压缩图像，并最高支持244位图像并产生无锯齿状的透

明度。但一些旧版浏览器（例如：IE5）不支持PNG格式。

⑩TIFF。TIFF作为通用文件格式，绝大多数绘画软件、图像编辑软件以及排版软件都支持该格式，并且扫描仪也支持导出该格式的文件。

⑪JPEG。JPEG和JPG都是一种采用有损压缩方式的文件格式，JPEG支持位图、索引、灰度和RGB模式，但不支持Alpha通道。

（6）文件大小

①像素总量=宽度X高度（以像素点计算）。

②文件大小=像素总量X单位像素大小（byte）。

单位像素大小的计算：最常用的RGB模式中1个像素点等于3个byte；CMYK模式1个像素等于4个byte；而灰阶模式和点阵模式则是1个像素点为1个byte。

③打印尺寸=像素总量/设定分辨率（bpi）

1.1.3　3ds Max软件介绍

3D Studio Max，通常简称为3ds Max或MAX，是Discreet公司开发的（后被Autodesk公司合并）基于PC系统的三维动画渲染和制作软件。其前身是基于DOS操作系统的3D Studio系列软件。在Windows NT出现以前，工业级的CG制作被SGI图形工作站所垄断。3D Studio Max+Windows NT组合的出现立刻降低了CG制作的门槛，首先运用在计算机游戏中的动画制作，后更进一步开始参与影视片的特效制作，例如《X战警II》《最后的武士》等。在Discreet 3ds Max 7后，正式更名为Autosdesk 3ds Max，最新版本是3ds Max 2016。

（1）软件应用

在应用范围方面，其广泛应用于广告、影视、工业设计、建筑设计、三维动画、多媒体制作、游戏、辅助教学以及工程可视化等领域。

（2）发展趋势

3ds Max软件将向智能化，多元化方向发展。

（3）界面组成

3ds Max界面由以下几部分组成：标题栏、菜单栏、工具栏、命令面板、绘图区域、视图控制区、动画控制区。

（4）文件格式

3ds Max软件文件格式为".max"格式。

（5）特点

①基于PC系统的低配置要求。

②安装插件（plugins）可提供3D Studio Max所没有的功能（比如3ds Max 6版本以前不提供毛发功能）以及增强原本的功能。

③强大的角色（Character）动画制作能力。

④可堆叠的建模步骤，使所制作的模型有非常大的弹性。

（6）功能与优点

①Slate材质编辑器。使用Slate轻松可视化和编辑材质分量关系。这个新的基于节点的编辑器可以大大改进创建和编辑复杂材质网络的工作流程与生产力。直观的结构视图框架能够处理当今苛刻的制作所需的大量材质。

②Quicksilver硬件渲染器。使用Quicksilver可在较短的时间内制作高保真可视化预览、动画和游戏方面的营销资料，Quicksilver是一种新的创新硬件渲染器，可以惊人的速度制作高品质的图像。这个新的多线程渲染引擎同时使用CPU和GPU，支持alpha和z-缓冲区渲染元素;景深;运动模糊;动态反射;区域、光度学、环境遮断和间接灯光效果以及精度自适应阴影贴图;并能以大于屏幕的分辨率进行渲染。

③Containers本地编辑。通过能让用户在引用内容之上非破坏性地添加本地编辑层，大大改进了Containers工作流程，可更高效地进行协作。通过并行工作满足紧张的最后时限要求：在一个用户迭代编辑嵌套的未锁定方面时，另一个用户可以继续精调基本数据。多个用户可以一次修改同一嵌套的不同元素，可防止同时编辑同一个分量。

④建模与纹理改进。利用扩展Graphite建模和视口画布工具集的新工具，加快建模与纹理制作任务：用于在视口内进行3D绘画和纹理编辑的修订工具集;使用对象笔刷进行绘画以及在场景内创建几何体的功能;用于编辑UVW坐标的新笔刷界面以及用于扩展边循环的交互式工具。

⑤3ds Max材质的视口显示。利用在视口中查看大部分3ds Max纹理贴图与材质的新功能，在高保真交互式显示环境中开发和精调场景，而无须不断地重新渲染。建模人员和动画师可以在一个更紧密匹配最终输出的环境中作出交互式决定，从而帮助减少错误并改进创造性故事讲述过程。

⑥3ds Max Composite。利用3ds Max Composite改进渲染传递并将它们融合到实拍镜头中：基于Autodesk Toxik技术的全功能、高性能HDR合成器。3ds Max Composite工具集整合了抠像、校色、摄像机贴图、光栅与矢量绘画、基于样条的变形、运动模糊、景深以及支持立体视效制作的工具。

⑦前后关联的直接操纵用户界面。利用新的前后关联的多边形建模工具用户界面，可节省建模时间，使用户始终专注于手边的创作任务，该界面可不将鼠标从模型移开而完成工作。建模人员可以交互式地操纵属性，直接在视口中的兴趣点输入数值，并在提交修改之前预览结果。

⑧CAT集成。使用角色动画工具包（CAT）可更轻松地制作和管理角色，分层、加载、保存、重新贴图和镜像动画。CAT现已完全集成在3ds Max之中，为用户提供了一个开箱即用的高级搭建和动画系统。通过其便利、灵活的工具集，动画师可以使用CAT中的默认设置在更短的时间内取得高质量的结果，或者为更苛刻的角色设置完全自定义骨架，以及加入任意形态、嵌入式自定义行为和程序性控制器。

⑨Ribbon自定义。利用可自定义的Ribbon布局，具有最大化可用工作空间，并专注于对专业化工作流程最有意义的功能。可创建和存储个性化用户界面配置，包括常用的操作项和宏脚本，并能轻触热键或按钮切换这些配置的显示。

⑩更新的OpenEXR图像输入输出插件。更新的OpenEXR插件可在一个EXR文件中支持无限数量的层，并能自动将渲染元素和G-缓冲区通道存储到EXR层。

⑪与Autodesk Revit连通的FBX文件链接。利用新的FBX文件链接，接收和管理从Autodesk Revit Architecture导入的文件更新。

⑫本地实体导入/导出。在3ds Max和支持SAT文件的其他CAD软件之间非破坏性地传递修剪的表

面、实体模型和装配。

⑬Autodesk材质库。可从多达1 200个材质模板中进行选择，更精确地与其他Autodesk软件交换材质。

⑭Google SketchUp Importer。可高效地将Google SketchUp拉伸软件（SKP）版本6和7文件导入3ds Max。

⑮Inventor导入改进。可将Autodesk Inventor文件导入3ds Max，而无须在同一台计算机上安装Inventor，而且还能在导入实体物体、材质、表面和合成时获得更好的结果。

1.2 常用设计软件交换使用

1.2.1 AutoCAD转换到Photoshop

①启动AutoCAD2012中文版，单击界面左上角的""按钮，在其下拉菜单中选择"打印→打印"命令，如图1-1所示。

②在弹出的对话框"打印—模型"选择"打印机/绘图仪"中"PublishToweb PNG.pc3"，然后单击"特性"按钮，如图1-2、图1-3所示。

图1-1

图1-2

图1-3

③在弹出的"绘图仪配置编辑器"对话框中选择"自定义图纸尺寸"然后单击"添加"按钮→下一步→将宽度设置为"3 000"，高度设置为"2 250"，如图1-4、图1-5所示。

图1-4

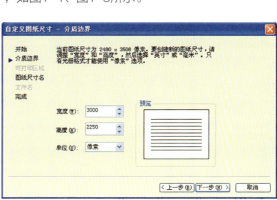

图1-5

④单击"下一步"→"完成"按钮，如图1-6、图1-7所示。

图1-6

图1-7

⑤返回到"绘图仪配置编辑器"对话框中，单击"确定"按钮，在"打印—模型"对话框中的"图纸尺寸"下拉列表中选择"用户1（3 000.00×2 250.00像素）"，如图1-8所示。

图1-8

⑥在"打印范围"下拉列表中选择"窗口"选项，然后在绘图区拖动鼠标将要输出的图形框选出来，然后勾选"布满图纸"和"居中打印"选项。

⑦框选完要打印的图纸后，在打印样式表（画笔指定）中选择"acad.ctb."，然后单击旁边的"🔳"按钮，打印样式编辑器中全选颜色"1-255"，在颜色中选择"黑"，单击"保存并关闭"按钮，如图1-9所示。

⑧单击对话框中的"预览"按钮，看看将要打印出来的效果，单击鼠标右键，选择"打印"，此时弹出"浏览打印文件"对话框，选择好文件的保存路径，单击"保存"按钮，如图1-10所示。

⑨用虚拟打印机的方法，将CAD图纸输出为位图图片，可以在Photoshop中进行下一步的操作处理。

图1-9

图1-10

1.2.2　Excel表格插入CAD

CAD广泛应用于建筑、机械、电子等领域。在制作CAD图的时候往往需要在图的旁边制作一个表格明细，快速方法就是直接将Excel表格复制到CAD图里面，这样做非常省事。

①首先打开Excel软件，打开后选中所需表格，并将表格圈起来后直接复制下来，可以用快捷键"Ctrl+c"直接复制，如图1-11所示。

②将Excel里面的表格复制下来以后，再打开CAD软件并打开需要插入表格的图纸，打开图以后单击软件窗口最上面的"编辑"菜单，这时会出现下拉菜单，在下拉菜单中选择"选择性粘贴"，如图1-12所示。

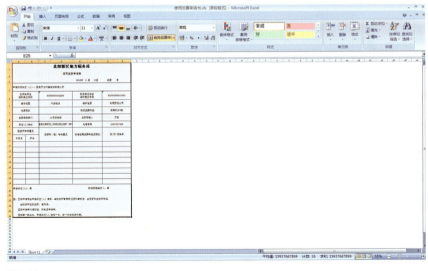

图1-11

图1-12

③在"选择性粘贴"窗口里选择粘贴选项，并在作为窗口中选择"AutoCAD图元"后单击"确定"按钮，如图1-13所示。

④设置完选择性粘贴以后便在图纸里面找到合适的位置，鼠标单击指定位置将在Excel里面复制的表格插入图纸，如图1-14所示。

⑤鼠标单击选择插入的Excel表格，然后在右侧的工具栏里选择按钮，将表格分解开，可随意调节表格的大小，这样就将表格完成插入了，如图1-15所示。

图1-13

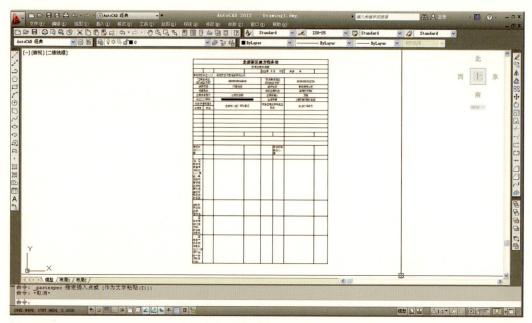

图1-14

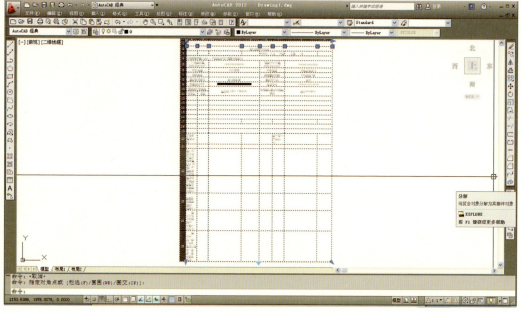

图1-15

1.2.3　CAD转换成PDF

①启动AutoCAD2012中文版，单击界面左上角的""按钮，在其下拉菜单中选择"打印→打印"命令，如图1-16所示。

②在弹出的对话框"打印—模型"中选择"打印机/绘图仪"→"DWG To PDF.pc3"，然后单击"特性"按钮，如图1-17、图1-18所示。

图1-16

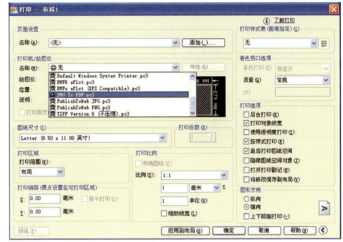

图1-17

③在弹出的"绘图仪配置编辑器"对话框中选择"自定义图纸尺寸"，然后单击"添加"按钮→下一步→将宽度设置为"3 000"，高度设置为"2 250"，如图1-19、图1-20所示。

④单击"下一步"→"完成"按钮，如图1-21、图1-22所示。

图1-18

图1-19

图1-20

图1-21

⑤返回到"绘图仪配置编辑器"对话框中，单击"确定"按钮，在"打印—模型"对话框中的"图纸尺寸"下拉列表中选择"用户1（3 000.00×2 250.00像素）"，如图1-23所示。

图1-22

图1-23

⑥在"打印范围"下拉列表中选择"窗口"选项，然后在绘图区拖动鼠标将要输出的图形框选出来，然后勾选"布满图纸"和"居中打印"选项。

⑦框选完要打印的图纸后，在打印样式表（画笔指定）中选择"acad.ctb."，然后单击旁边的"🔢"按钮，打印样式编辑器中全选颜色"1-255"，在颜色中选择"黑"，单击"保存并关闭"按钮，如图1-24所示。

⑧单击对话框中的"预览"按钮，看看将要打印出来的效果，单击鼠标右键，选择"打印"，此时弹出"浏览打印文件"对话框，选择好文件的保存路径，单击"保存"按钮，如图1-25所示。

图1-24

图1-25

1.2.4 3ds Max转换到Photoshop

一幅完整的效果图需要由三维设计软件和平面设计软件共同制作完成，但是三维软件和平面软件是不兼容的。这就需要将3ds Max效果图导入Photoshop软件中。

①确保效果图场景的一切工作在3ds Max中都已完成，并激活要渲染的视图，然后按"F10"键，打开如图1-26所示的窗口。

②在"输出大小"选项组中设置宽度为"3 000"、高度为"2 250"，如图1-27所示。

设置图像输出尺寸的大小将直接影响图像最终输出的清晰度，因此在设置图像大小时还是尽量大点为好，这样才能保证输出图像的清晰度。

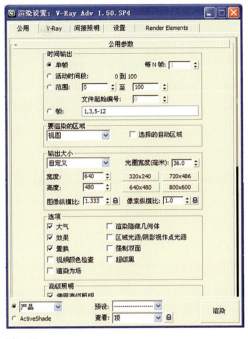

图1-26

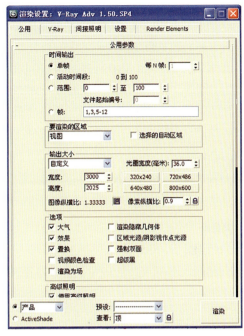

图1-27

③单击"渲染输出"选项组中的"文件"按钮，弹出如图"渲染输出文件"对话框，在"保存在"下拉列表中选择渲染文件所在的文件夹，在"文件名"文件框中输入文件名，在"保存类型"下拉列表中为文件选择输出的文件格式，最后单击"保存"按钮，如图1-28所示。

在文件的保存类型中，最好选用TIF格式和TGA格式，因为这两种文件格式可以设置Alpha通道，这样在为图像做后期处理时，特别是有大背景的室外建筑效果图时，可利用背景的提取。

④单击"保存"按钮后会弹出" TIF图像控制"对话框，勾选"存储Alpha通道"复选框，单击"确定"按钮，如图1-29所示。

图1-28

图1-29

⑤在各项参数设置完成后，单击"渲染设置"窗口中的"渲染"按钮，3ds Max就会将线架文件渲染成图像文件并保存到指定的文件夹中。

渲染结束后，退出3ds Max程序，进入Photoshop软件应用程序，按照渲染图像时所保存的路径，打开渲染输出的图像文件，就可以用Photoshop软件进行效果图的后期处理了。

| 知识重点 |

1. 将AutoCAD转换到Photoshop。

2. AutoCAD转换到3ds Max。

| 作业安排 |

1. 运用所学知识，将Excel表格插入CAD。

2. 将运用AutoCAD绘制出的平面图转换到Photoshop中并保存为PDF格式。

2 AutoCAD室内设计表现技法

2.1 室内平面图绘制

室内平面图是室内施工图的一种，室内平面图实际上是以平行于地面的切面在距地面1.5 mm左右的位置将上部切去而形成的正投影图（屋顶平面图除外），也就是假设使用一水平的剖切面沿门、窗洞的位置将房屋剖切后，对剖切面以下的部分使用正投影法得到的投影图，如图2-1所示。

室内设计的重点是平面图，因为平面图可以很好地反映空间整体的平面形状、大小和房间位置，以及墙柱的位置、厚度和材料，门窗类型和位置等。

正确绘制平面图是绘制好整个室内设计施工图的关键，也是对每个设计人员的基本要求。正确的制图，不但能增强平面图的表达能力，还能大大减少后期施工中的错误，因此显得尤为重要。

室内平面图主要反映了以下内容：

①墙体、隔断及门窗、各空间大小及布局、家具陈设、人流交通路线、室内绿化等；若不单独绘制地面材料平面图，则应在平面图中表示地面材料。

②标注各房间尺寸、家具陈设尺寸及布局尺寸，对于复杂的公共建筑，则应标注轴线编号。

③注明地面材料名称及规格。

④注明房间名称、家具名称。

⑤注明室内地坪标高。

⑥注明详图索引符号、图例及立面内视符号。

⑦注明图名和比例。

⑧根据需要，有的平面图还要注明文字说明、统计表格等。

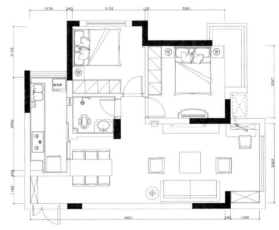

平面布置图

图2-1

2.1.1 CAD制图设置

（1）新建文件并设置图形单位

①启动AutoCAD 2012中文版，新建图形文件。

②选择"格式"→"单位"命令，弹出"图形单位"对话框，在对话框中进行如图2-2所示的参数设置。

图2-2

（2）设置图层

为了绘图方便，便于编辑、修改和输出，使图形的各种信息清晰、有序，需要根据实际情况设置好图层的名称、线型、颜色和线宽等属性。

选择"格式"→"图层"命令。在"图层特性管理器"对话框中新建图层，如图2-3所示。

（3）设置文字样式

设置文字样式主要是指设置文字的字体、样式、大小、宽、高和比例等属性。

选择"格式"→"文字样式"命令，在弹出的对话框中单击"新建"按钮，新建一种样式，命名为"宋体"，如图2-4所示。

可依据此方法多设置几种字体。

图2-3

图2-4

（4）设置线型比例

①选择"格式"→"线型"命令，系统会弹出"线型管理器"对话框，如图2-5所示，在对话框中选择需要修改的线型。

②在"线型管理器"中将"全局比例因子"改为"50"，将缩放时使用图纸空间单位的复选框取消。其他设置不变。

③如当前线型里没有自己需要的线型，可选择加载按钮来加载线型，如图2-6所示。

图2-5

图2-6

（5）设置尺寸标注样式

在使用AutoCAD进行绘图的过程中，对图形的标注是必不可少的。要对图形进行标注，首先要根据实际要求设置好标注的样式。

标注样式命令用于设置、修改、代替或比较各种尺寸样式的工具，可根据图形的种类、大小等因素来设置各种不同的尺寸标注样式。

①选择"格式"→"标注样式"命令，在弹出的对话框中单击"新建"按钮，再在弹出的对话框中输入新样式名"A3平面"，如图2-7所示。

②单击"继续"按钮，弹出"建筑标注样式"对话框。单击"符号和箭头"选项卡，设置箭头样式和大小，其他选项卡内容不变，如图2-8所示。

图2-7

图2-8

③单击"文字"选项卡，选择"标注文字1"为文字样式，文字位置"垂直"→"上""水平"→"居中"，其他选项内容不变，如图2-9所示。

④单击"调整"选项卡，在调整选项中选择"文字始终保持在尺寸界线之间"，文字位置选择"尺寸线上方，带引线"，设置全局比例为"0.1"，如图2-10所示。

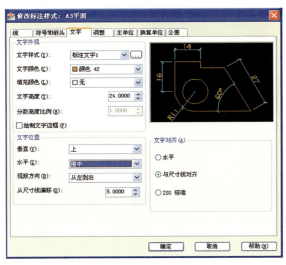

图2-9

图2-10

⑤单击"主单位"选项卡，设置标注单位的精度为
"0"，"角度标注"选择"十进制度数"，精度设置为
"0"，选择"消零"选项的"后续"选择框，单击"确
定"按钮完成标注的设置，如图2-11所示。

⑥标注设置完成后单击"确定"，系统自动返回到"标
注样式管理器"对话框中，在"样式"栏中选择刚才新建的
样式，单击"置为当前"按钮，将该样式设置为当前样式。

⑦选择"文件"→"另存为"菜单，在文件名输入框
中输入"室内样板"，再单击"文件类型"输入框，选择
"AutoCAD图形样板（*.dwt）"选项，如图2-12、图
2-13所示。

图2-11

图2-12

图2-13

2.1.2　室内平面图绘制

（1）绘制墙体定位轴线

墙体按所在位置一般分为外墙和内墙两大部分，每部分又各有纵横两个方向，共形成4种墙体，即:纵
外墙、横外墙（山墙）、纵内墙、横内墙。表示建筑物的主要结构构件位置的点画线称为定位轴线。

在绘制工程图纸中，要通过定位轴线来确定建筑的位置，它是施工定位、放线的重要依据。

①选择"文件"→"新建"命令，在弹出的"选择样板"对话框中选择原来已保存的"室内样
板.dwt"文件，这样就不用再重新设置图层和标注样式等参数了，如图2-14所示。

②单击"图层属性管理器"按钮,在下拉列表中选择"轴网"线型选择"点画线",如图2-15所示。

图2-14

图2-15

③选择"绘图"→"直线"命令，在绘图区域中绘制长度为"10 500"的竖直轴线，选择"修改"→"偏移"命令，将上一步骤绘制的竖直轴线向右侧偏移"1 818"，如图2-16所示。

④重复执行"偏移"命令，继续偏移轴线，从左至右偏移距离分别为"2 082""1 250""3 541""1 480"，最终效果如图2-17所示。

⑤选择"绘图"→"直线"命令，在绘图区域中绘制长度为12 000的水平轴线，重复步骤④，将上一步骤绘制的水平轴线依次向上方偏移"1 350""2 255""1 105""2 201""808"，最终效果如图2-18所示。

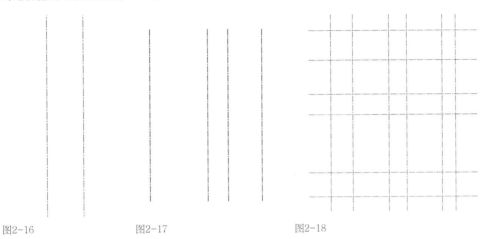

图2-16   图2-17   图2-18

（2）绘制墙体

一般使用"Mline（多线）"命令来绘制墙体，使用该命令可以很方便地设置墙体的厚度，具体的绘制方法如下：

①单击"图层属性管理器"按钮，在下拉列表中选择"墙体"，线型选择"实线"。

②单击键盘快捷键ML回车后创建墙体，输入"S"键设置多线比例为"240"，输入"J"键设置多线对正为（无）"Z"键，在对象捕捉和正交打开的情况下，光标捕捉轴网交点绘制墙线，最终效果如图2-19所示。

③按此方法绘制完成的墙体在纵横墙体相交处会出现直线交错的现象。对比此前平面图时会发现，阳台及窗户门洞部分都是封闭的墙体，因此可将墙体打散（X命令），通过修剪命令将阳台及窗户门洞修剪出来。并将剪力墙（也称承重墙）部分填充为灰色，如图2-20所示。

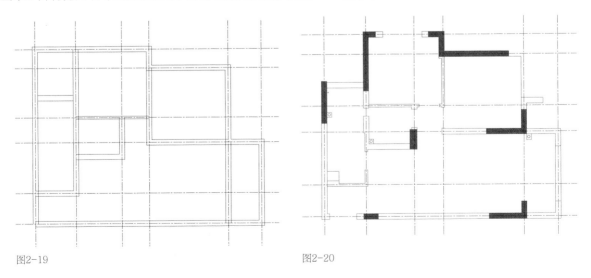

图2-19   图2-20

（3）绘制门图块

由于我国建筑设计规范对门窗的设计有具体的要求，所以在使用AutoCAD设计图形时，可将其作为标准图块插入当前图形中，以避免大量的重复工作从而提高效率。因此，在绘制平面图中的门之前，应当首先绘制一些标准门的图块。

①隐藏轴线层，并设置当前层为门窗层，选择"绘制"→"矩形"命令，绘制一个"900""900"的正方形，再绘制一个"40""900"的长方形，使其右下角对齐，如图2-21所示。

②再以右下角为圆心，900为半径画圆，如图2-22所示。

③用"修剪"命令修剪矩形以外的圆，删除矩形，如图2-23所示。

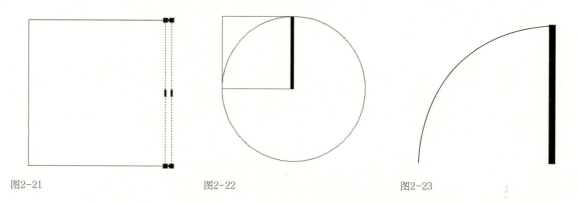

图2-21   图2-22   图2-23

④选择"绘制"→"块"→"创建块"命令，弹出"块定义"对话框，在"名称"输入框中输入"门900"后单击"选择对象"按钮，选择上面绘制的矩形和圆弧，并选择"转换为块"选项，重新设置此块的中心点，点拾取点，然后在图形上点右下角即可，具体设置如图2-24所示。

图2-24

⑤选择"插入"→"块"命令，选择"门900"图块，将创建的块插入相应的位置中，最终效果如图2-25所示。

（4）绘制窗图块

窗的主要功能是采光、通风、接受日照以及观看室外环境。一般一套房子内会出现几种不同的窗户类型，如落地窗、飘窗等。因此测量的时候一定要准确。

设置当前层为门窗层，选择"绘制"→"矩形"命令，在窗户的地方用直线连接窗洞。画出窗户（以铝合金窗为例，窗户龙骨为6 cm宽）并将窗户复制到墙体的正中间，如图2-26所示。

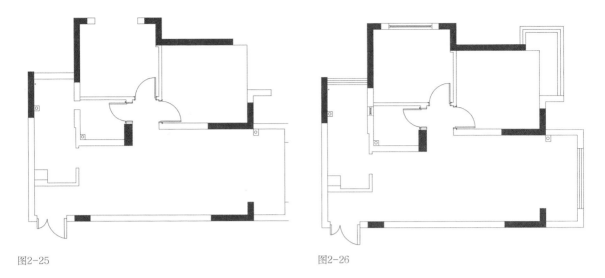

图2-25   图2-26

（5）客厅家具布置

客厅设计是室内装饰设计的主要组成部分，简约的客厅设计一般思路是：规整的长方形或正方形空间，组合套沙发面对平整的电视墙，明净的茶几加上盆景的点缀，更能显示出客厅简约但不失整洁的风格。

客厅里的家具可引用现成的图库，但需特别注意比例。因为图库里的图形都是以1∶1比例绘制，如果图块在客厅放不下，就选择较小的家具，切不可对图块进行缩放，强行放入室内，如图2-27所示。

（6）其他区域家具布置

一般来说，卧室的划分有活动区、睡眠区、储物区、梳妆区、展示区、学习区等。对较小户型来说，睡眠区及储藏区为其主要功能，即床和衣柜。在对卫生间及厨房进行布置后，最后完成平面功能布置，如图2-28所示。

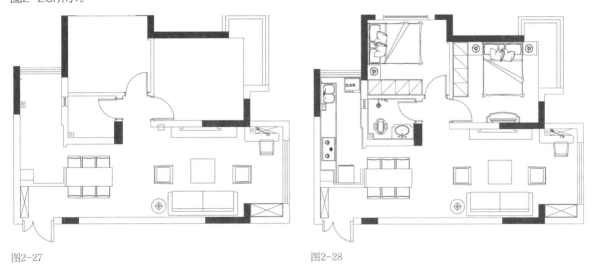

图2-27   图2-28

（7）完善平面图

图形绘制完毕后，为了更加详细地说明各区域的作用以及大小，往往需要添加文字说明和尺寸标注，如图2-29所示。

（8）绘制地面铺装图

①隐藏家具层，并设置当前层为地面铺装层。客厅铺贴600×600地砖，卧室辅贴木地板，卫生间及

厨房铺贴300×300地砖，并设置门槛石，如图2-30所示。

②为地面添加标高。一般以客厅卧室为统一标高，用"+0.00"标示。厨房与卫生间相对客厅地面要低2cm，（因为厨房与卫生间是使用水的地方）。略低是为了防止水流向客厅或者卧室，如图2-31所示。

图2-29

图2-30

图2-31

图2-32

2.2 室内天棚图绘制

天棚设计，就是使用某些其他的材质和灯饰将光秃秃的天花板、梁等"包"起来。吊顶材料一般有平板吊顶、异型吊顶、局部吊顶、格栅式吊顶、藻井式吊顶五大类型。平板吊顶一般有PVC板、铝扣板、石膏板、矿棉吸音板、玻璃纤维板、玻璃等材料，照明灯则卧于顶部平面之内或吸于顶上。

2.2.1 天棚的造型绘制

①隐藏前面所绘制的图层，只保留墙体及窗户的图层，并选择吊顶层为当前层，如图2-32所示。

②连接门洞，确定厨房和卫生间采用成品的铝扣板吊顶。客厅采用局部吊顶，以此来表现客厅吊顶的

层次感和区域化分，如图2-33所示。

③从灯具图例中添加天棚灯具，如图2-34所示。

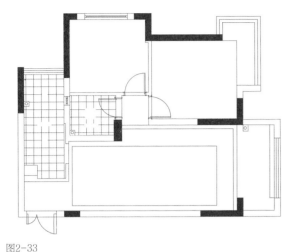

图2-33

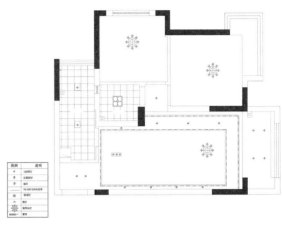

图2-34

2.2.2 天棚的标高绘制

天棚造型绘制完成后，从天棚图上无法看出吊顶的高度，故需要为天棚添加标高。标高是室内地面到顶面的距离，标高用"⌄+2440"图标来表示，说明地面到顶面的距离为2 440 mm。对一般室内来说，厨房及卫生间的标高为2 400 mm。客厅、卧室及其他公共部分吊顶的高度没有统一要求，一般根据室内的梁、设计造型等因素确定其高度。对没有标注层高的房间，一般默认为原始顶面，如图2-35所示。

图2-35

2.3 室内立面图绘制

在绘制室内设计图时，施工立面图是室内墙面与装饰物的正投影图，它标明了墙面装饰的样式、位置尺寸及材料，同时标明了墙面与门窗、隔断等的高度尺寸，以及墙与顶面、地面的衔接方式。立面图是装饰细节的体现，是施工的重要依据。

2.3.1 电视墙绘制

①首先画出电视墙立面边框，表示出梁、通道口位置，如图2-36所示。

②根据天棚图的造型和标高，在电视墙顶上表现出天棚造型的剖面，如图2-37所示。

③绘制踢脚线，一般的木踢脚线高为80 cm，如图2-38所示。

④绘制电视墙造型，采用现代手法设计，在原墙面突出一块立面。在其立面安装装饰面板，如图2-39所示。

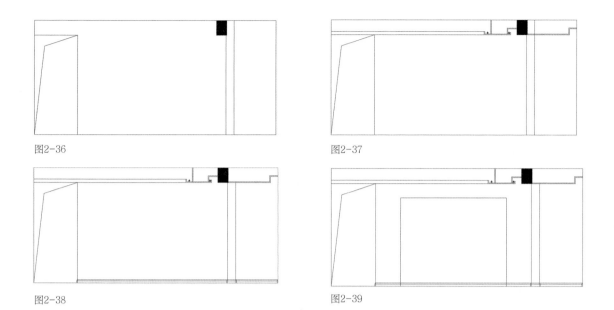

图2-36

图2-37

图2-38

图2-39

⑤从图库中添加电视机、电视柜到立面图中，电视机的中心点离地约1.1 m，如图2-40所示。

⑥从立面图中可看出画面比较单调，故可从图库中添加窗帘、挂画、装饰品至立面图中，以此丰富立面图纸，如图2-41所示。

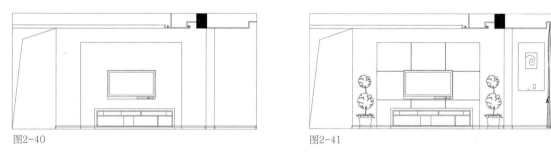

图2-40

图2-41

2.3.2　沙发背景墙绘制

①首先画出沙发背景立面边框，表示出梁、入户门位置（注意所画的立面图方向是面对着墙面的立面），如图2-42所示。

②根据天棚图造型和标高，在顶上表现出天棚造型的剖面，如图2-43所示。

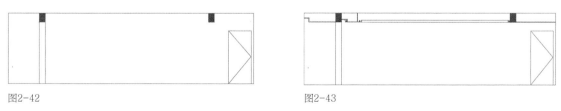

图2-42

图2-43

③绘制踢脚线，一般的木踢脚线高为80 cm（要修剪掉门洞处的踢脚线），如图2-44所示。

④入户门的绘制，首先绘制门套，将门线向门洞外偏移6 cm，然后向内偏移1 cm（门套为7 cm宽），如图2-45所示。

图2-44

图2-45

⑤从图库添加一个门的图块，注意门把手的方向，如图2-46所示。

⑥从立面图中可看出画面比较单调，故可从图库中添加沙发、窗帘、挂画、装饰品于立面图中，以此来丰富立面图纸，如图2-47所示。

图2-46

图2-47

2.4　室内水电气图绘制

2.4.1　给水管网平面图

①复制一个平面图，双击"视口"，单击""将视口最大化。切换在给水图层（画图时一定要注意图层关系），如图2-48所示。

②根据图例绘制给水管线图。给水分为两种类型，热水管与冷水管，要用不同的线型来表达其冷热，记住一个行业规则——给水左热右冷。绘制完成后回到布局空间即可，如图2-49所示。

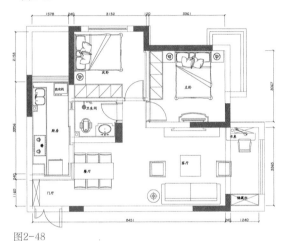

图2-48

图2-49

2.4.2 排水管网平面图

①复制一个给水平面图，隐藏给水管图层，双击视口，单击""将视口最大化。切换在排水图层（画图时一定要注意图层关系），如图2-50所示。

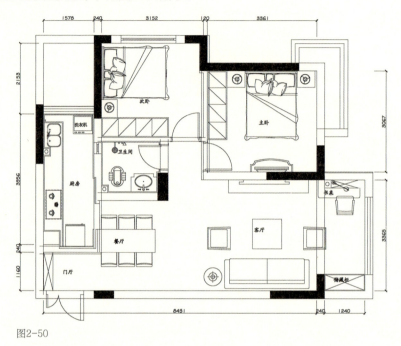

图2-50

②根据图例绘制排水管线图。家装的排水相对比较简单，将每个排水位置汇总到一起再连接到建筑排水管即可，如图2-51所示。

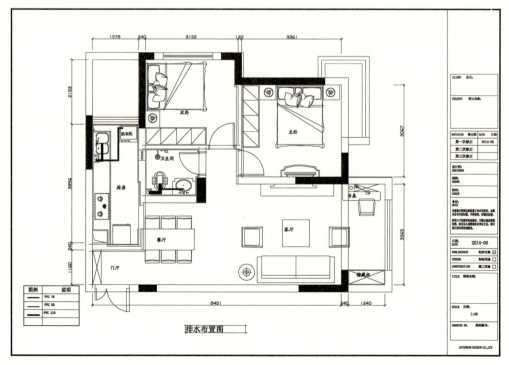

图2-51

2.4.3 插座点位及配电箱平面图

①复制一个排水平面图，隐藏排水管图层，双击"视口"，单击"![最大化视]将视口最大化。切换在插座图层（画图时一定要注意图层关系），如图2-52所示。

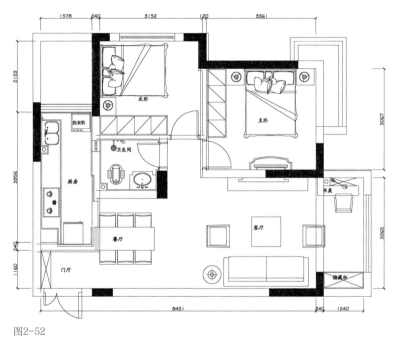

图2-52

②根据图例绘制插座点位图。家装插座比较少，因此可将强电插座与弱电插座放到一张图纸上（大型工程则要分开出图），绘制完成后回到布局空间即可，如图2-53所示。

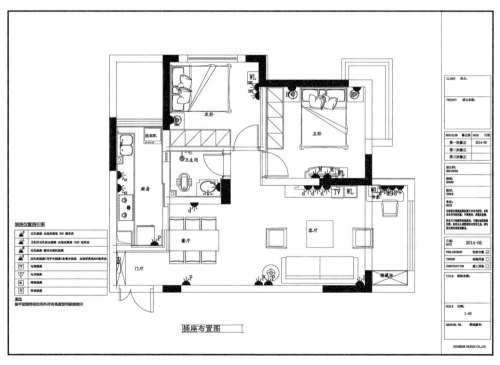

图2-53

2.4.4 开关点位平面图

①复制一个天棚平面图，删除在布局里画的标注，双击"视口"，单击"![最大化视]"将视口最大化。隐藏文字说明，切换在开关图层（画图时一定要注意图层关系），如图2-54所示。

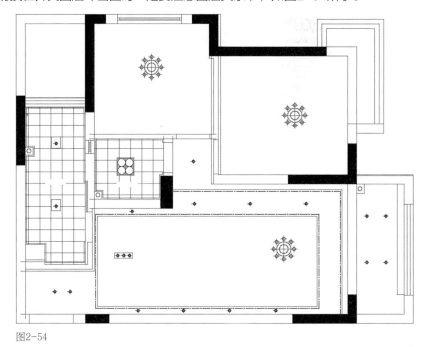

图2-54

②根据图例绘制开关点位图。开关安装位置便于操作，开关边缘距门框边缘的距离为0.15～0.2 m，开关距地面高度为1.3 m。绘制完成后回到布局空间即可，如图2-55所示。

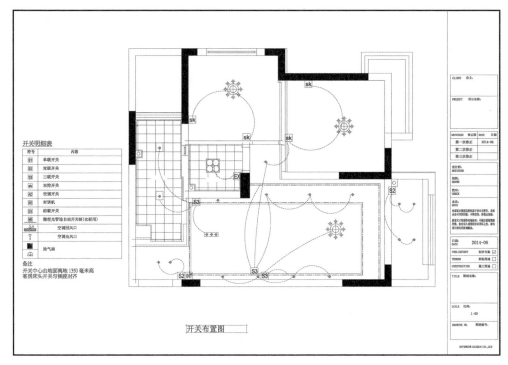

图2-55

2.5 室内详图绘制

2.5.1 窗台大样图

选择"复制"→"图框"命令，再选择"新建"→"视口"，最大化视口。按1∶1比例绘制窗台大样图，然后回到布局，使大样图占满整个视口，如图2-56所示。

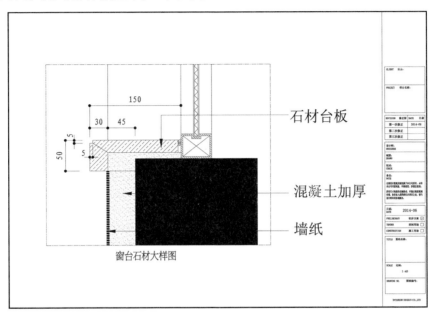

图2-56

2.5.2 客厅吊顶大样图

选择"复制"→"图框"命令，再选择"新建"→"视口"，最大化视口。按1∶1比例绘制客厅吊顶大样图，然后回到布局，使大样图占满整个视口，如图2-57所示。

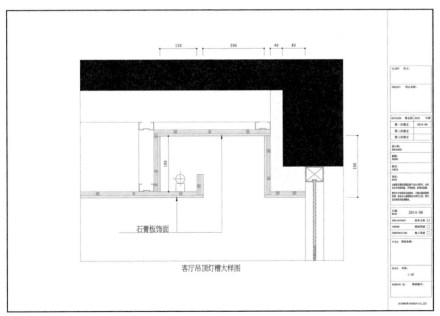

图2-57

2.5.3　地面门槛石大样图

选择"复制"→"图框"命令，再选择"新建"→"视口"，最大化视口。按1∶1比例绘制门槛石大样图，然后回到布局，使大样图占满整个视口，如图2-58所示。

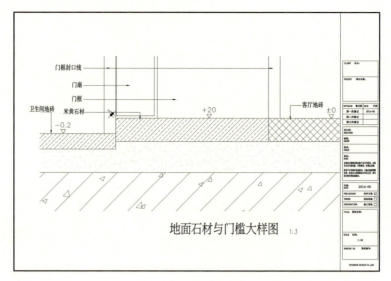

图2-58

2.6　布局出图及标注尺寸

使用布局是绘图方式的一个升华，是由直观构图向科学构图的一次质变，简单的单张图纸，可以将标准图框罩在模型视图上，并在模型示图中进行标注，这也利于图纸的交换和理解。在任何情况下使用布局作图，其优势都超过在模型空间作图的初始方式。

2.6.1　布局设置

①单击左下角的布局，切换到布局空间，如图2-59所示。

图2-59

②布局界面与模型空间界面不一样，通过对背景颜色的设置，将背景颜色改为"黑色"。通过"工具"菜单下的"选项"，对显示页面里的颜色进行设置，如图2-60所示。

③回到选项卡，将布局元素里显示图纸背景前的复选框去掉，如图2-61所示。

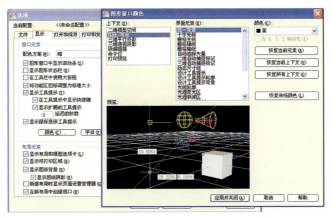

图2-60

图2-61

④复制一个图框到布局里，图框为A3纸大小（297 mm×420 mm），如图2-62所示。

⑤运用"MV"命令在"Defpoints"图层图框内新建一个视口（因为"Defpoints"图层在打印的时候不显示），如图2-63所示。

图2-62

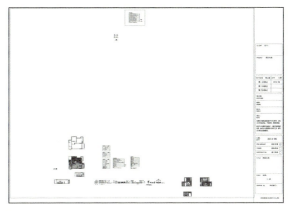

图2-63

⑥双击图框内视口，将平面图放大在视口内，如图2-64所示。

⑦里面全部显示为用户所画图形，有家具、灯具、天棚等，给人视觉造成了一定的混乱，双击显示窗口将平面布置图上不需要的图层隐藏，即可得到平布置图，如图2-65所示。

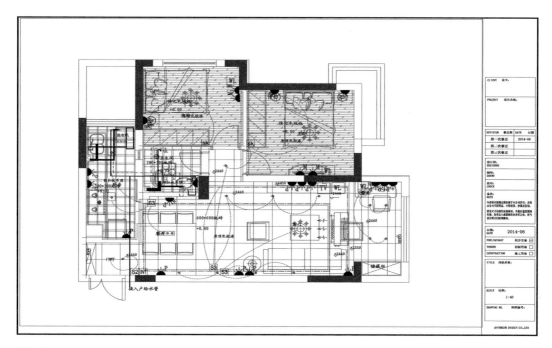

图2-64

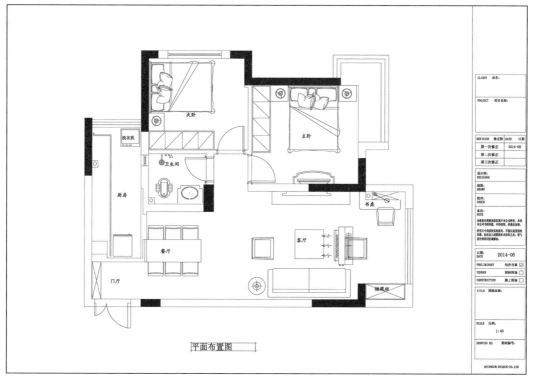

图2-65

2.6.2　尺寸标注

①在视口以外双击，回到布局空间标注尺寸，并注明平面布置图（不要在"Defpoints"图层标注，因为此图层无法打印），如图2-66所示。

②复制一个平面图，隐藏家具图层，打开地面铺装图层，即可得到地面铺装图，如图2-67所示。

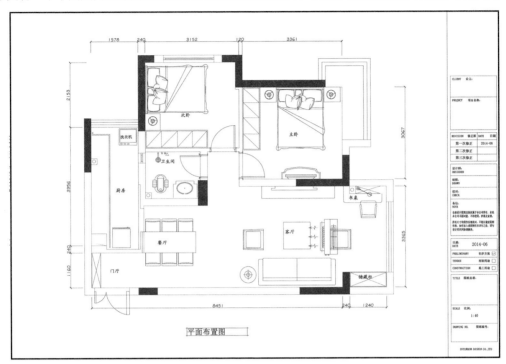

图2-66

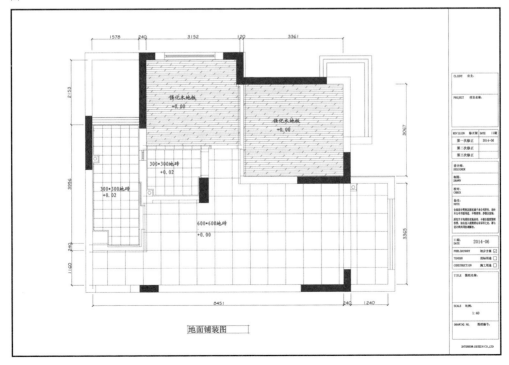

图2-67

③复制一个地面铺装图，隐藏地面铺装图层，打开天棚及灯具图层，即得到了天棚布置图。然后回到布局图层，对天棚尺寸进行标注。再用"MV"命令新建一个视口将灯具图例显示出来，放置在天棚图上，如图2-68所示。

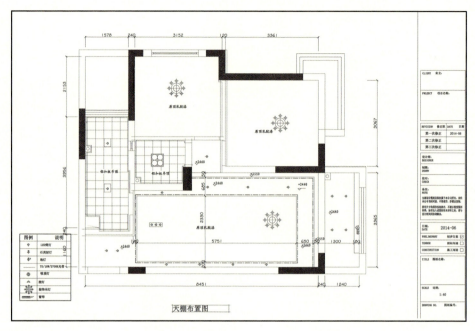

图2-68

2.6.3　材质标注

①复制图框对电视墙立面进行标注和材质说明，如图2-69所示。

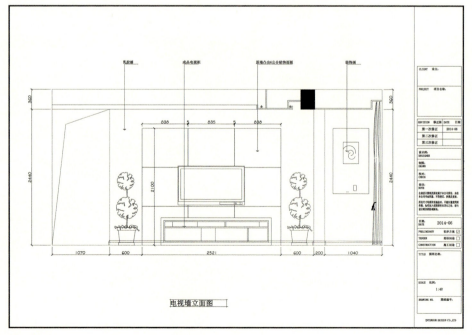

图2-69

②复制图框对沙发背景墙立面进行标注和材质说明，如图2-70所示。

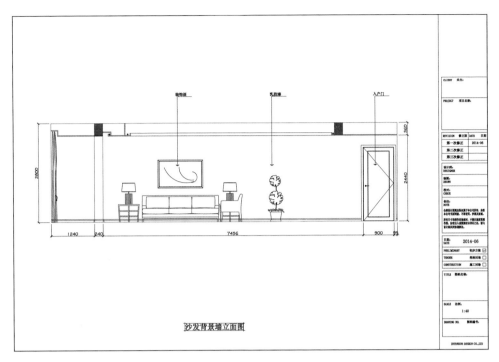

沙发背景墙立面图

图2-70

知识重点

1.室内设计平面图案例绘制

2.室内设计天棚图案例绘制

3.室内设计水电气图案例绘制

4. 布局出图及标注尺寸

平面布置图

作业安排

1.根据所学知识，绘制一张家居室内平面布置图，如右图所示。

主要操作步骤：

①绘制出轴网，绘制墙线、门窗，完成平面图的绘制。

②将家具图块插入图中。

③标注文字和尺寸，整理图面，完成绘制。

2. 根据作业1绘制电视墙立面图。

①设置图层、线型、颜色。

②运用"矩形"命令，配合正交功能绘制墙面的外围轮廓线。

③综合应用"插入块""移动""修剪"等命令，绘制内部装饰轮廓线。

④运用"图案填充"命令，对立面图进行填充处理。

⑤综合运用"线性标注""连续标注"和"编辑标注文字"等命令，标注立面尺寸。

⑥最后运用"标注样式"和"快速引线"命令，标注文字。

3 3ds Max室内环境效果图表现技法

本章主要讲解基本模型的创建方法以及VRay材质设置、布光、渲染方法。本章的学习目的主要是熟悉3ds Max和VRay室内效果图表现的基本操作流程。

本章实例为一个简约风格的现代客厅，强调突出传统、重视功能和空间组织形式，注意发挥构成的形式美，造型简洁，反对多余装饰，崇尚合理的构成工艺，尊重材料的性能，讲究材料自身的质地和色彩的配置效果。在设计思路上，客厅的空间构成以直线条造型为主，着重体现空间给人的自然、舒适的感觉。

3.1 客厅建模

3.1.1 制作客厅的基本框架

首先在AutoCAD里只保留平面设计图的墙体和家具，将其他图形删除。

①启动3ds Max2010，选择"自定义"→"单位设置"命令，单击弹出"单位设置"对话框，在对话框中进行如图3-1所示的参数设置单位。

图3-1

②在顶视图中，选择"文件"→"导入保存的CAD平面图文件"，如图3-2所示。

③在顶视图中，全选所有图形，单击右键选择冻结当前选择，如图3-3所示。

④在顶视图中，在右侧命令面板中选择"创建按钮"→"图形"→"线"，在顶视图中勾勒出客厅边框，并命令为墙体，如图3-4所示。

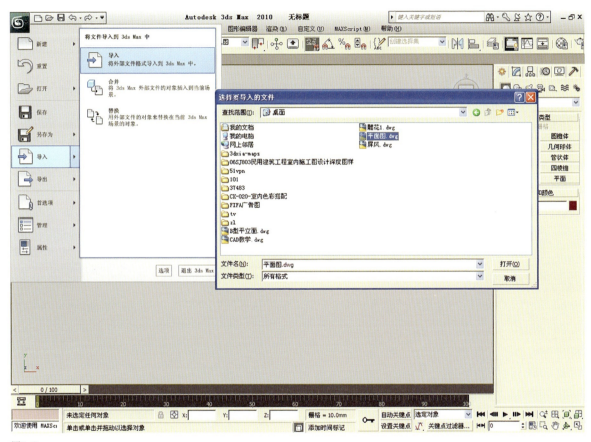

图3-2

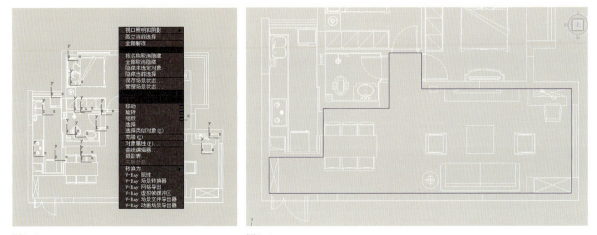

图3-3　　　　　　　　　　　　　　　　图3-4

⑤在顶视图中，选择勾勒出的客厅边框，再选择右侧命令面板中的"修改"按钮→"修改器列表"→"挤出"，挤出参数为2 800 mm（现代高层建筑层高2 800），如图3-5所示。

⑥在顶视图中，选择墙体，再选择右侧命令面板中的"修改"按钮→"修改器列表"→"法线"，如图3-6所示。

⑦在顶视图中，选择右侧命令面板中的"创建"按钮→"摄像机"→"目标"，创建一个目标摄像机，在前视图调整摄像机的位置及高度（高度约为1 600 mm）。在透视图中按键盘"C"字母，转换成摄像机视图观察空间设置，再按"Shift+C"来隐藏摄像机，如图3-7所示。

⑧在透视图中分离顶面及地面。按字母"P"再将摄像机视图切换成透视图，选择"墙体"后单击右键，再选择转换成"可编辑多边形"级别，选择"多边形"进行编辑，如图3-8所示。

图3-5

图3-6

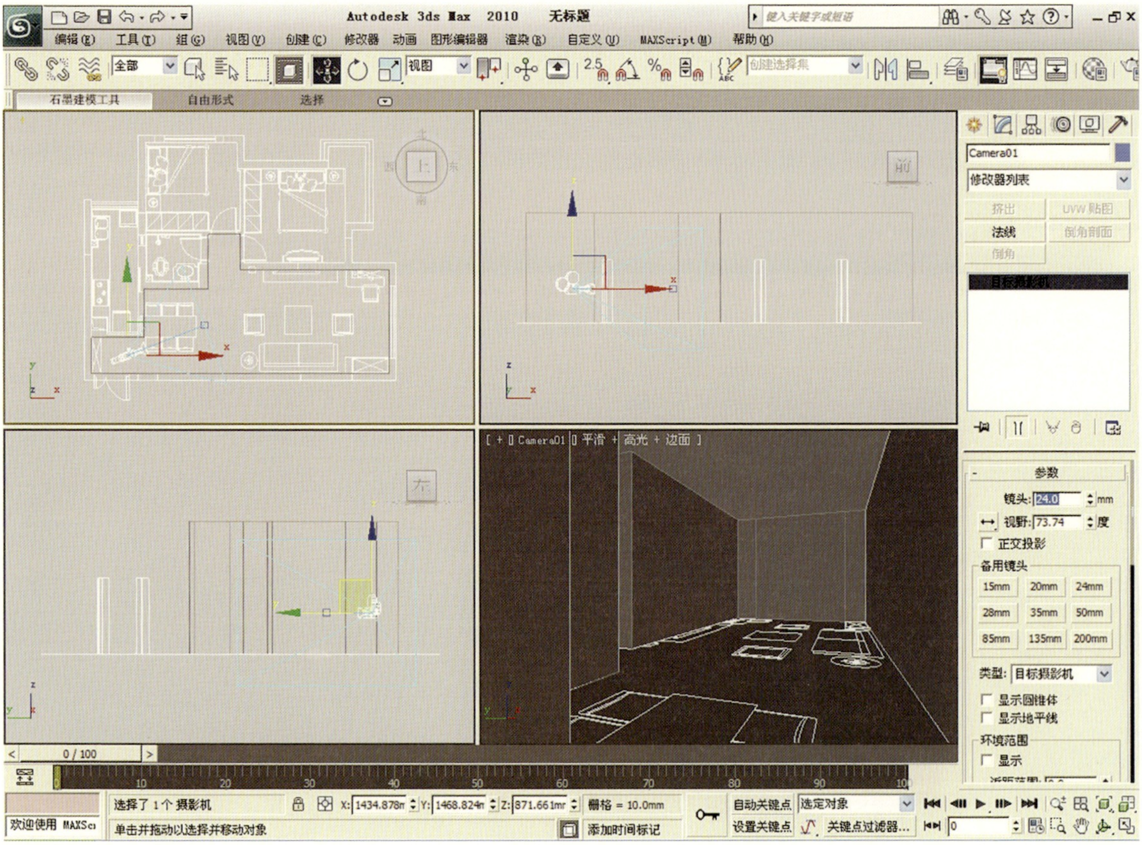

图3-7

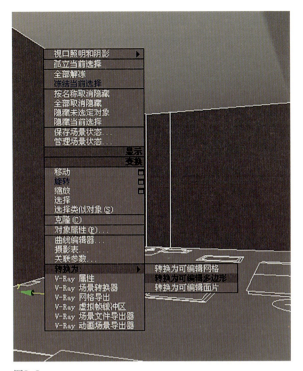

图3-8

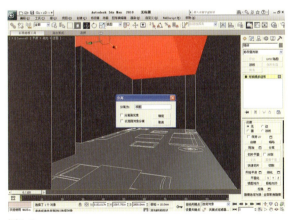

图3-9

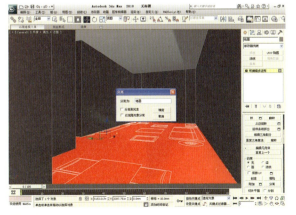

图3-10

⑨选择"顶面"→"分离",命名为"顶面",如图3-9所示。

⑩选择"地面"→"分离",命名为"地面",如图3-10所示。

3.1.2 制作窗户

①按字母"P",再将摄像机视图切换成透视图,选择"墙体",进入"可编辑多边形"级别,选择"边"进行编辑,在透视中选择边右键连接设置数量为"2",在左视图调整其线条的高度,如图3-11所示。

②在"可编辑多边形"编辑级别中,选择"多边形"进行编辑,在透视中选择调整的窗户位置,再单击右键选择"挤出",设置数量为"-240 mm",如图3-12所示。

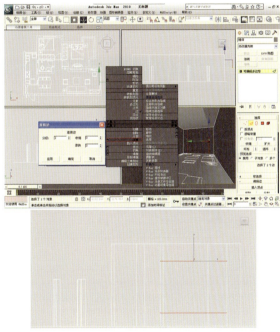

图3-11

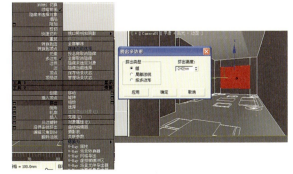

图3-12

③在左视图中根据挤出的窗框大小制作窗户边框。选择右侧命令面板中的"创建"按钮→"图形"→"矩形",勾勒出窗框大小,右键单击"转换可编辑样条线"选择"样条线"→"设置轮廓"→"数量为60",在修改面板中找到"挤出",设置数量为"50",再设计窗框到相应位置,如图3-13所示。

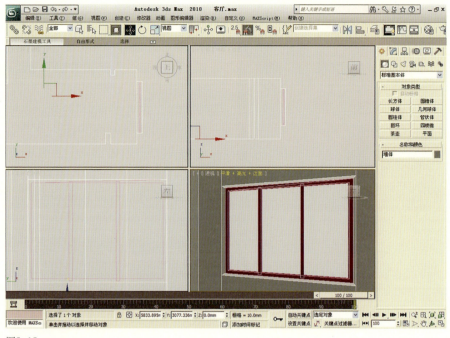

图3-13

3.1.3 制作踢脚线

①在项视图中,选择右侧命令面板中的"创建"按钮→"图形"→"线",在顶视图中根据墙体勾勒出边框并命名为踢脚线,如图3-14所示。

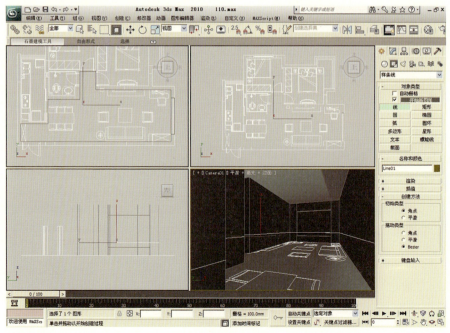

图3-14

②在顶视图中，选择"踢脚线"选项，再选择"编辑样条线"→"选择样条线"→"轮廓设置为-20"，如图3-15所示。

③在顶视图中，再选择右侧命令面板中的"修改"按钮→"修改器列表"→"挤出"，设置数量为"80 mm"，并调整其位置，如图3-16所示。

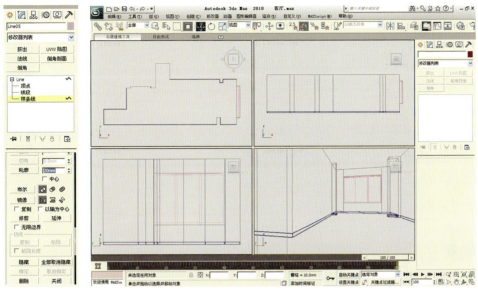

图3-15　　　　图3-16

3.1.4　制作吊顶

①在顶视图中，选择"文件"→导入保存的CAD天棚图文件，调整其位置与墙体对齐，如图3-17所示。

②在顶视图中，选择右侧命令面板中的"创建"按钮→"图形"→"线"，在顶视图中根据墙体勾勒出吊顶边框并命名为"吊顶"，然后挤出300 mm（高度依据CAD设计），并调整其位置，如图3-18所示。

图3-17

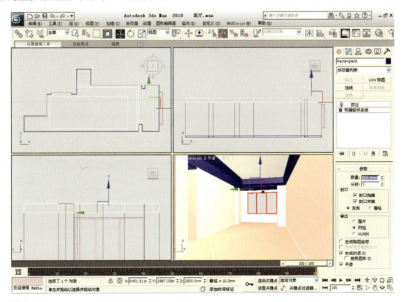

图3-18

3.1.5 制作反光灯槽

①在顶视图中，选择吊顶，右键选择"隐藏未选定对象"，如图3-19所示。

②在顶视图中，依据灯槽位置图绘制一个矩形。将绘制的矩形右键转换成可编辑的样条线→选择样条线增加轮廓，设置数量为"–100 mm"，挤出"200 mm"，与吊顶的顶部对齐，如图3-20所示。

③在顶视图中，对吊顶和灯槽进行布尔运算，选择右侧命令面板中的"创建"按钮→"几何体"→"复合对象"→"布尔"，如图3-21所示。

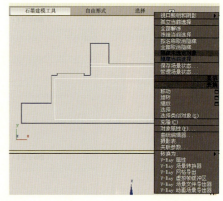

图3-19

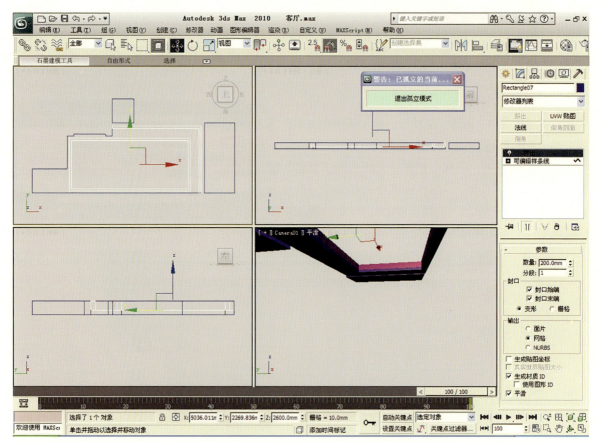

图3-20

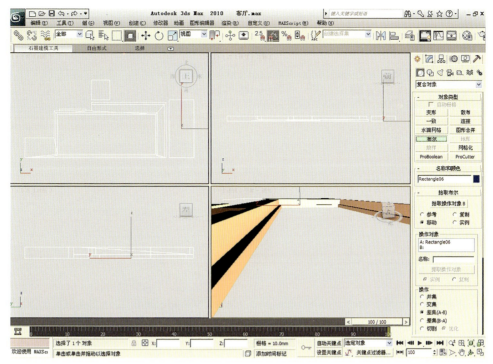

图3-21

3.1.6　制作灯具

①在顶视图中，绘制一个矩形（长度：100，宽度：100），添加"编辑样条线"命令，进入"样条线"级别，设置"轮廓"为"10"，添加"挤出"命令，数量为"86"，命名为"射灯"，调整其位置，如图3-22所示。

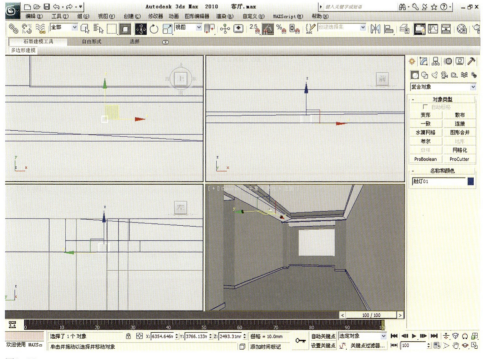

图3-22

②在顶视图中，创建一个长方体（长度：80，宽度：80，高度：88），命名为"灯"，调整其位置，如图3-23所示。

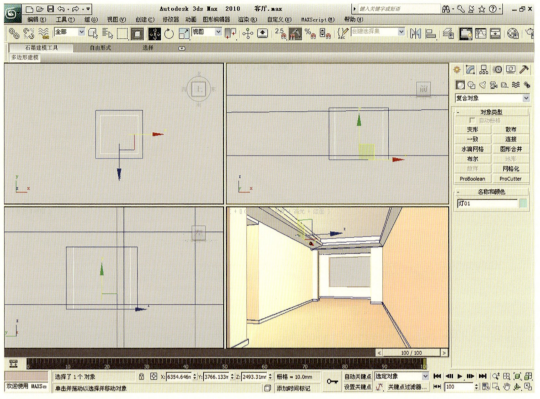

图3-23

③在顶视图中，同时选择"射灯"和"灯"，移动复制两组，调整其位置，如图3-24所示。

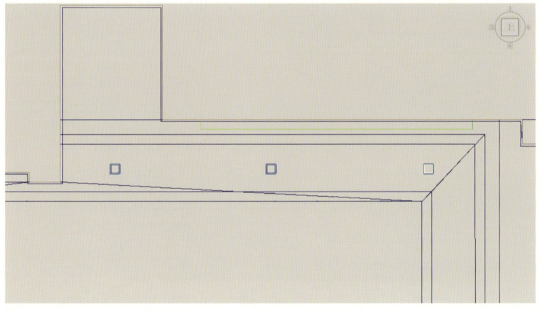

图3-24

④在顶视图中，创建一个长方体（长度：110，宽度：110，高度：88），命名为"筒灯"，创建一个圆柱体（半径：33，高度：50），命名为"灯03"，调整其位置，如图3-25所示。

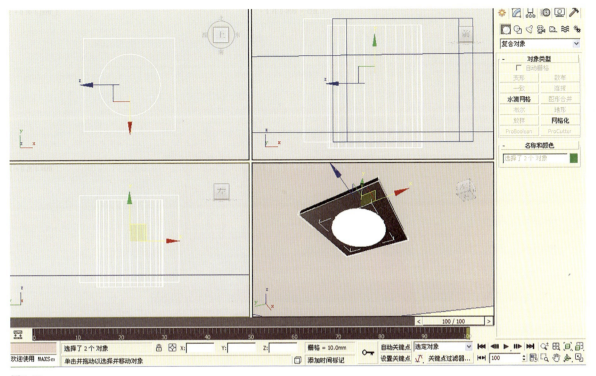

图3-25

⑤在顶视图中，同时选择"筒灯"和"灯03"，移动复制3组，调整其位置，如图3-26所示。

⑥再次移动复制，并调整其位置，如图3-27所示。

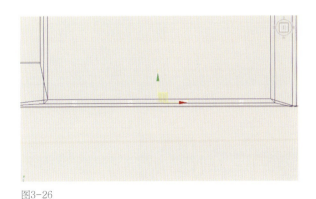

图3-26

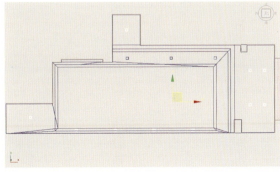

图3-27

3.1.7　制作窗帘

①在顶视图中，绘制一条开放的二维线型，添加"挤出"命令，数量为"2 700"，命名为"窗帘"，调整其位置，如图3-28所示。

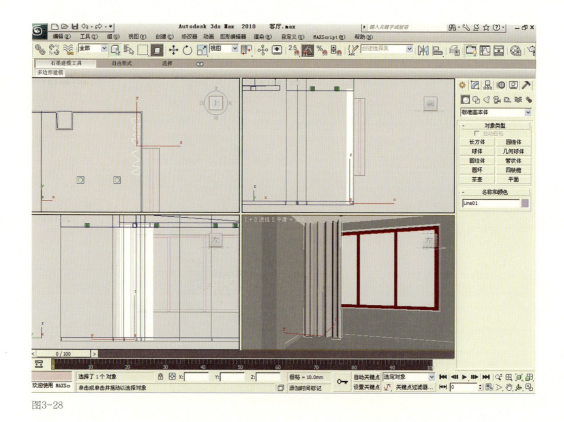

图3-28

②在左视图中，选择"窗帘"，沿 x 轴向右移动复制1个，调整其位置，如图3-29所示。

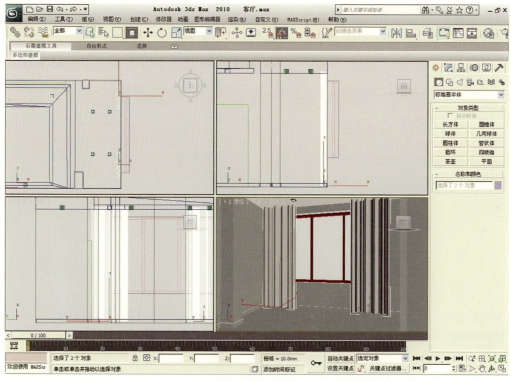

图3-29

3.1.8 制作电视墙、装饰画、花瓶

①在前视图中，创建一个长方体（长度：1800，宽度：2800，高度：100），命名为"电视墙"，调整其位置，如图3-30所示。

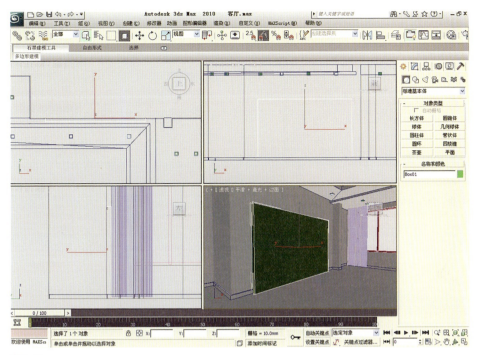

图3-30

②在前视图中，绘制一个矩形（长度：500，宽度：450），添加"编辑样条线"命令，进入"样条线"级别，设置"轮廓"为"150"，添加"挤出"命令，数量为"20"，命名为"画框"，调整其位置，如图3-31所示。

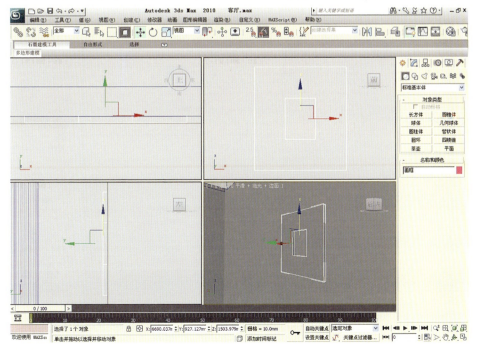

图3-31

③在前视图中，创建一个平面（长度：200，宽度：150），命名为"装饰画"，调整其位置，如图3-32所示。

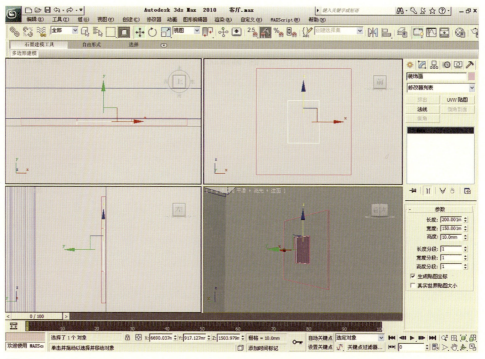

图3-32

④在前视图中，同时选择"画框"和"装饰画"，以"实例"方式沿 x 轴移动复制两组，调整其位置，如图3-33所示。

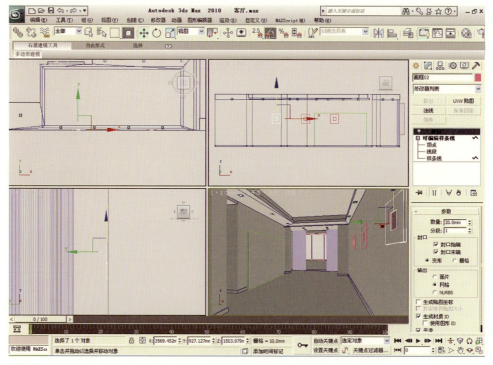

图3-33

⑤在左视图中,通过"线"按钮绘制一个长度为"600"、宽度为"120"的封闭二维线型,并调整仅影响轴的位置,如图3-34所示。

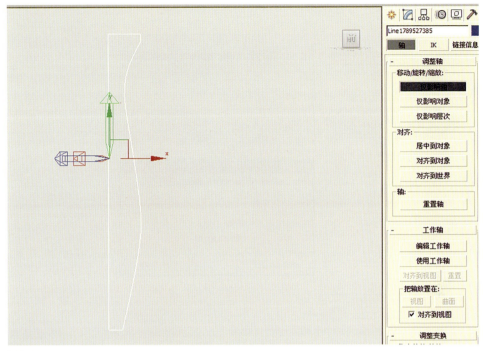

图3-34

⑥添加"车削"命令,设置"分段"为"24",命名为"花瓶",调整其位置,如图3-35所示。

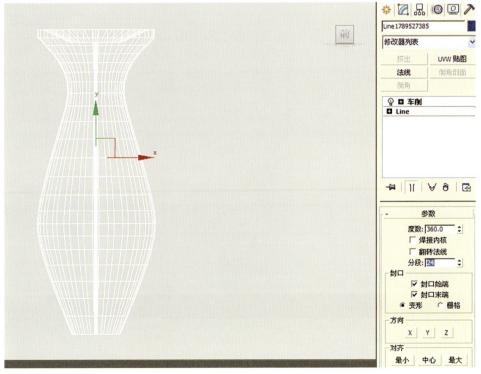

图3-35

3.1.9 合并其他造型

①合并"电视机.max"文件，并调整位置。（对于重名材质，单击"自动重命名合并材质"按钮，以在材质后面添加序号的方式对合并对象中的同名材质自动重新命名），如图3-36所示。

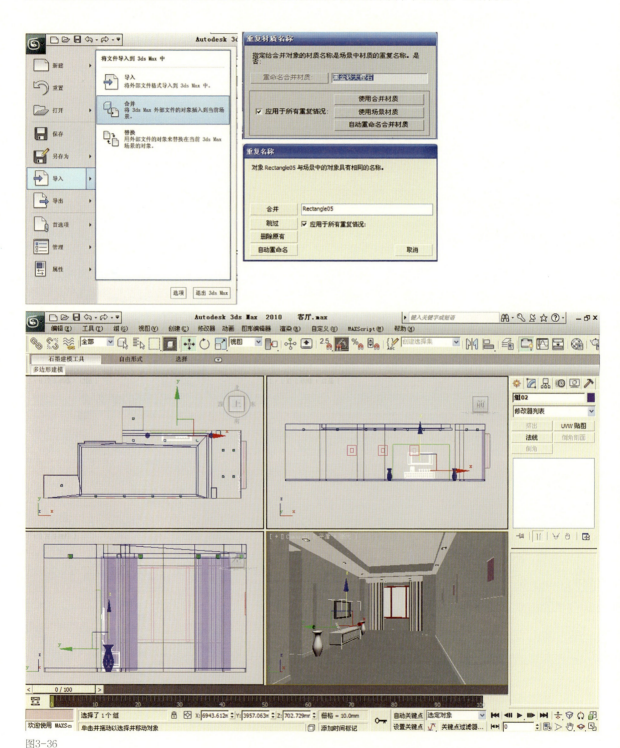

图3-36

②合并"沙发与茶几.max"文件，并调整位置，如图3-37所示。

③合并"装饰品.max""装饰品01.max"和"花.max"文件，并调整位置，模型制作完成，如图3-38所示。

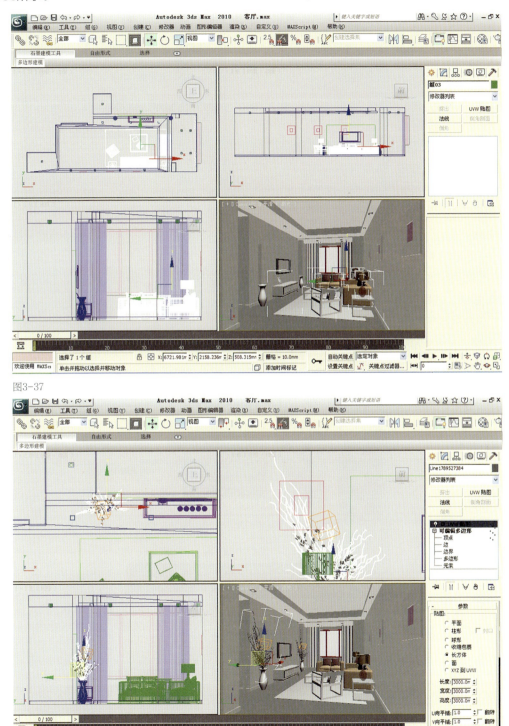

图3-37

图3-38

3.2 客厅材质设置（Vray材质设置）

本案例讲解Vray渲染插件出图，故需讲解Vray材质设置。首先对渲染方式设置，选择"渲染"→"渲染设置"→"选择渲染器"→"产品级下面选择"→"V-Ray Adv1.50.SP4"，如图3-39所示。

3.2.1 设置乳胶漆材质

选择"渲染"→"材质编辑器"→打开"材质编辑器"，单击"Standard"按钮，选择"VR"材质，设置漫反射为"242, 242, 242"，并单击赋予材质按钮"　"，赋予给吊顶，如图3-40所示。

3.2.2 设置地砖材质

①先将一个材质球命名为"地砖"材质，单击"Standard"按钮，选择"VR"材质，单击"漫反射"后面的小方框选择"位图"，打开"位图"对话框，找到相应的地砖贴图，将该材质赋予"地面"，如图3-41所示。

图3-39

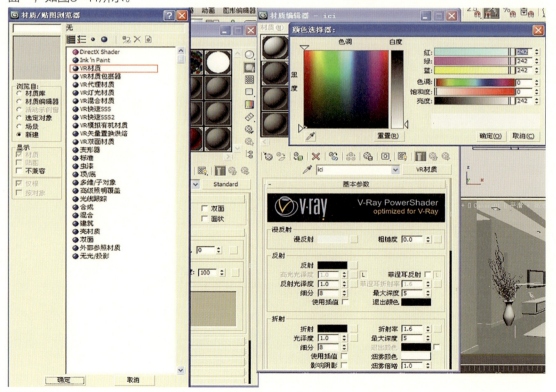

图3-40

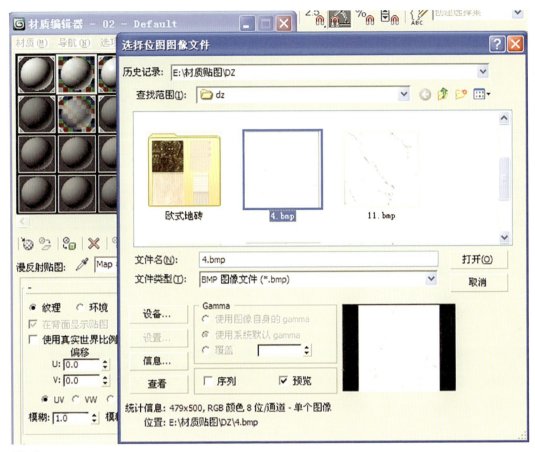

图3-41

②地砖都有一定的反射，因此在"反射栏"设置反射，如图3-42所示。

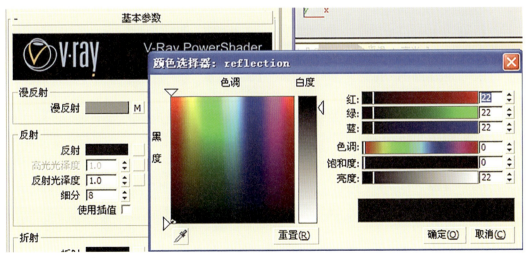

图3-42

3.2.3　设置白色油漆

设置白色油漆赋予窗框及画框，如图3-43所示。

3.2.4　设置装饰板（木材）材质

①"木材"材质：单击"Standard"按钮，选择"VR"材质，单击"漫反射"后面的小方框选择"位图"，打开"位图对话框"，找到相应的木纹贴图，调整其UVW贴图，将该材质赋予"电视墙、踢脚线"，参数设置如图3-44所示。

②木纹清漆都有一定的反射，因此在反射栏设置反射，如图3-45所示。

3.2.5　设置不锈钢材质

设置不锈钢材质，将该材质赋予灯具的边框，如图3-46所示。

3.2.6　设置"灯"材质

用自发光来模拟灯具发光，将该材质赋予灯，如图3-47所示。

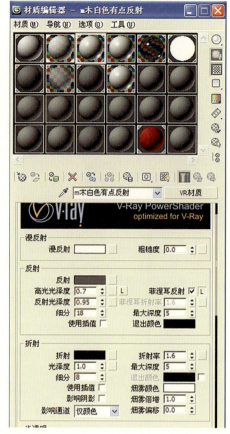

图3-43

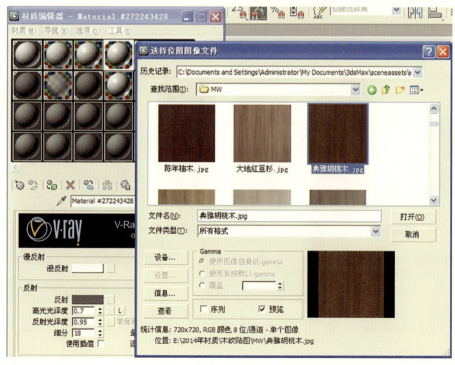

图3-44

图3-45

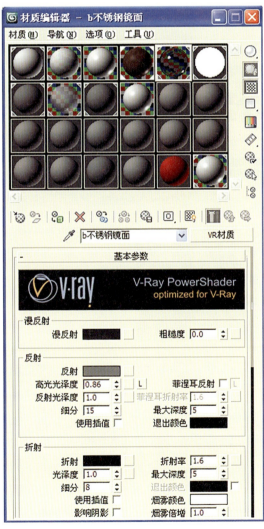

图3-46

图3-47

3.2.7 设置墙纸（布纹）材质

"墙纸"材质：单击"Standard"按钮，选择"VR"材质，单击"漫反射"后面的小方框选择"位图"，打开"位图对话框"，找到相应的墙纸贴图，调整其UVW贴图，将该材质赋予"墙体"，参数设置如图3-48所示。

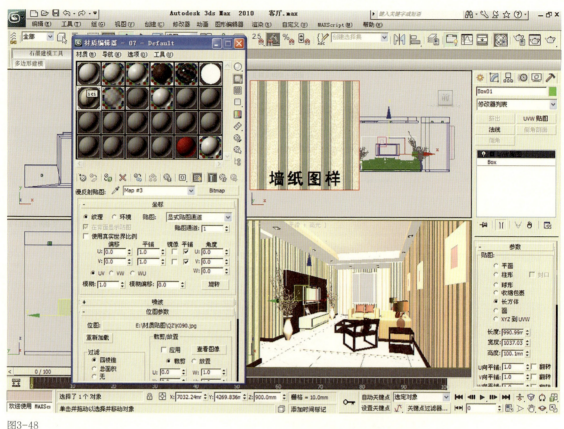

图3-48

3.2.8 设置"半透明窗帘"材质

设置"半透明窗帘"材质，如图3-49所示，选择"贴图栏"命令→"不透明度添加"→"衰减参数"。

3.3 设置灯光

（1）设置自由点光源

在顶视图中，创建一盏泛光灯（倍增值为0.2），调整其位置，如图3-50所示。

（2）设置Web文件光源

在顶视图中，创建一盏自由点光源（启用"Vray阴影"，过滤颜色为"250、167、94"，强度为500 cd，再选择Web文件光源，复制并调整其位置，如图3-51所示。

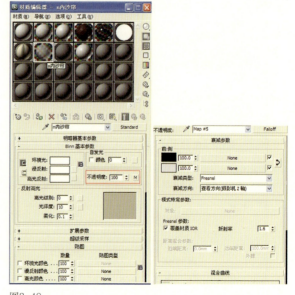

图3-49

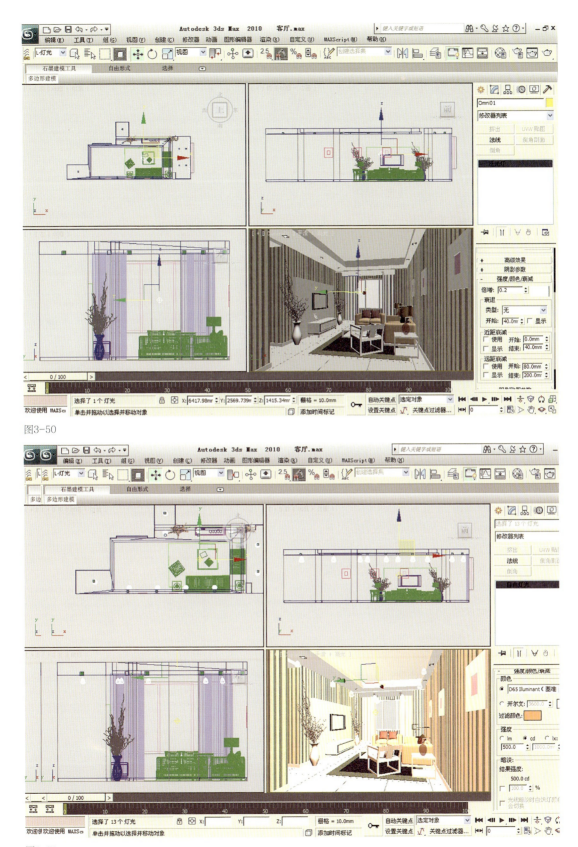

图3-50

图3-51

（3）设置灯槽光源（VR灯光）

在前视图中，创建一盏VR光源，调整到顶面灯槽位置，如图3-52所示。

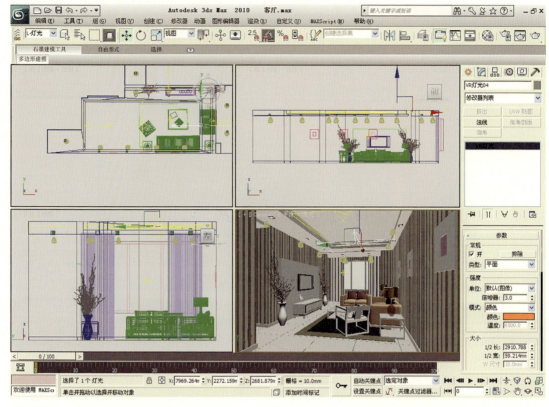

图3-52

3.4 渲染输出（Vray渲染器）

（1）全局开关、图像采样器、环境的设置

设置参数如图3-53所示。

（2）设置间接照明和发光贴图

设置参数如图3-54所示。

（3）灯光缓存的设置

设置参数如图3-55所示。

（4）渲染出图

单击"渲染"按钮，等待计算机出图，整体效果
如图3-56所示。

图3-53

图3-54

图3-55

图3-56

▍知识重点 ▍

1. 3ds Max效果图模型制作技巧。

2. 3ds Max效果图材质设置（Vray材质设置）技巧。

3. 3ds Max效果图灯光设置技巧。

▍作业安排 ▍

1. 运用3ds Max软件，将户型CAD平面图导入3ds Max中，制作客厅效果图模型。

①绘制出墙体、门窗、天棚等模型。

②将家具模型导入。

③调整家居模型位置及大小，完成客厅模型的绘制。

2. 将制作好的客厅模型，设置灯光。

①设置自由点光源。

②设置Web文件光源。

③设置灯槽光源。

3. 将制作好的客厅模型设置材质。

①设置乳胶漆材质。

②设置地砖材质。

③设置装饰板（木材）材质。

④设置金属材质。

平面布置图

4 Photoshop室内外环境设计表现技法

本章主要讲解室内彩平图和室内外效果图后期表现技法，由于3ds Max软件渲染出来的图像并不完美，需要通过后期处理来弥补一些缺陷并制作环境配景，以真实模拟现实空间或环境，这一过程就是后期处理，通常需要在Photoshop中完成，后期处理决定了效果图最终表现效果的成败和艺术水准，如图4-1所示。

4.1 室内彩平图制作

4.1.1 将AutoCAD平面图转到Photoshop软件中

①选择CAD平面图，选择"文件"→"打印"，将CAD平面保存为"JPG"格式，文件名为"01"（这里不再赘述CAD打印设置），如图4-2所示。

②使用"Ctrl+O"来打开刚刚保存的"01.jpg"文件，将图片上的图形与白色的背景分开，用魔棒"✦"工具在图片白色的地方单击然后反选（选择"Ctrl+Shift+I"组合键，然后选择"Ctrl +J"自动将图形新建到新的图层，然后隐藏背景图层观察。

图4-1

图4-2

4.1.2 在Photoshop中绘制墙体

①选择魔棒""工具，将连续的打上钩，最后在空白的墙体里单击选择，如图4-3所示。

②将前景色设置为"灰色"并填充给当前所选择的墙，灰色设置如图4-4所示。

③墙体设置完成，如图4-5所示。

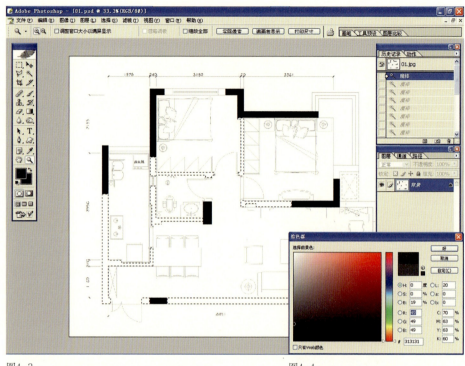

图4-3   图4-4

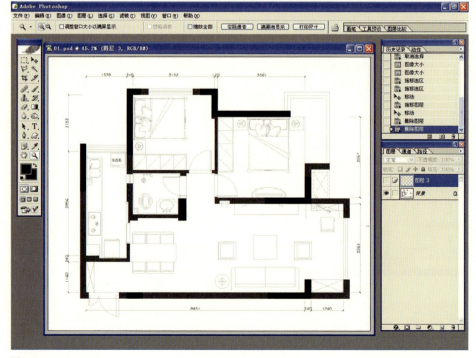

图4-5

4.1.3　在Photoshop中绘制地面材质

①给予客厅、厨房、卫生间地砖材，选择"Ctrl+O"来打开客厅地砖图片，"Ctrl+A"全选，然后选择"编辑"→"描边"，如图4-6所示。

②将刚刚编辑好的地砖图片拖动到平面图中，并按照600×600地砖大小和比例排列，覆盖整个客厅地面，如图4-7所示。

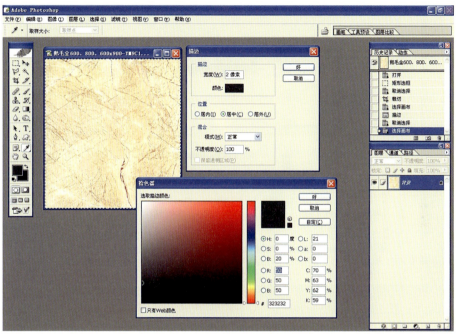

图4-6

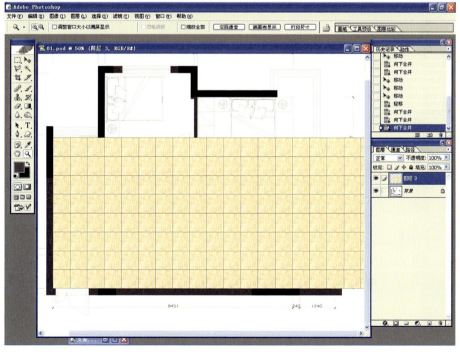

图4-7

③隐藏当前图层，用魔棒"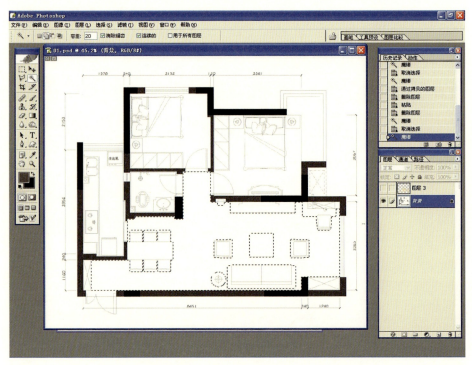"工具，将连续的打上钩，在客厅空白处单击"选择"（注意图层的变化），如图4-8所示。

④显示地砖图层，再反选"Ctrl+Shift+I"，删除多余的地砖，如图4-9所示。

图4-8

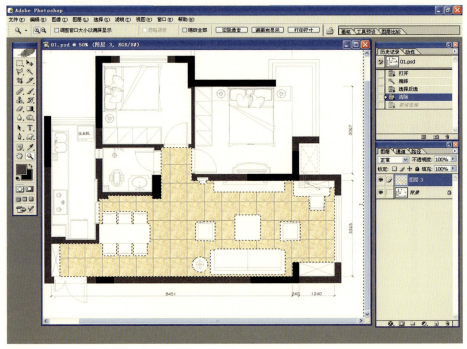

图4-9

⑤用同样的方法制作出厨房、卫生间、卧室的地面，在制作卧室木地板时要注意木地板的方向，一般情况下木地板纹理与门成90°，完成后如图4-10所示。

⑥观察整个平面图，地面显得比较呆板，可为地面设置一些渐变，以此来丰富地面的颜色和样式，选择客厅地砖图层，选择"图层"→"添加图层蒙版"→"显示全部"，前景色和背景色设为默认，在蒙版上做线形渐变，可以多试几次，渐变原则是有窗户或者采光的地方要亮一点，如图4-11所示。

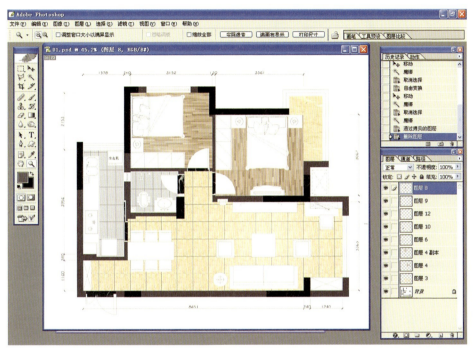

图4-10

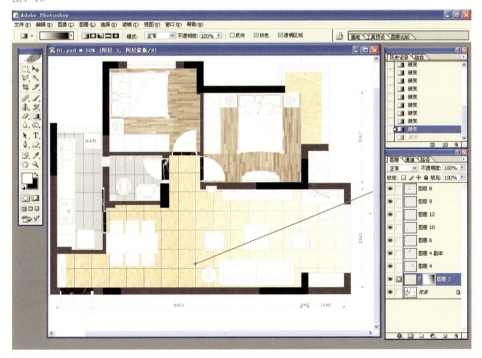

图4-11

⑦用同样的方法制作其他房间的地面，如图4-12所示。

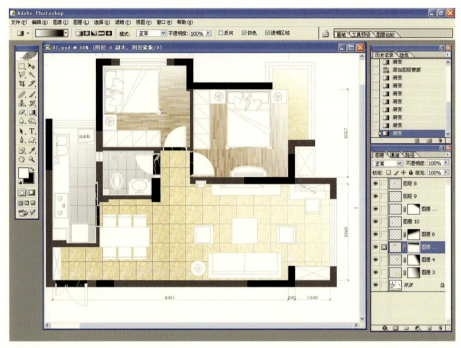

图4-12

4.1.4　在Photoshop中绘制家具

①选择到背景层，用矩形选择工具框选出家具，使用"Ctrl+J"快捷键新建框选家具图层，如图4-13所示。

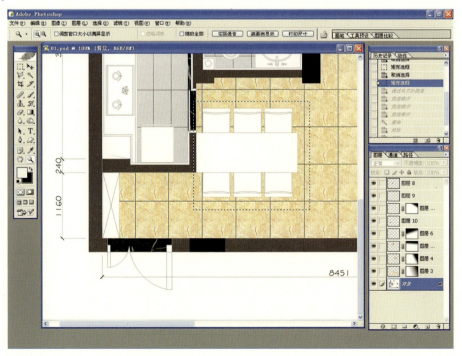

图4-13

②调整家具图层顺序位于地砖图层之上，如图4-14所示。

③用魔棒"![魔棒图标]"工具，将连续的打上钩，在家具线外空白处单击"选择"，然后删除选择部分，如图4-15所示。

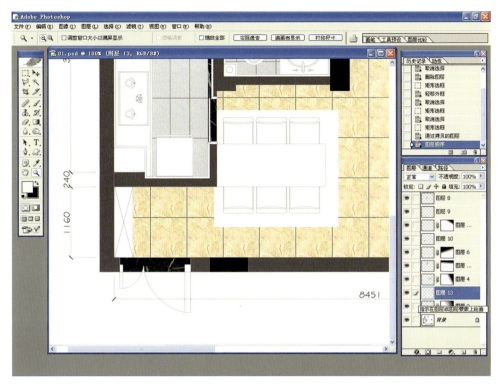

图4-14

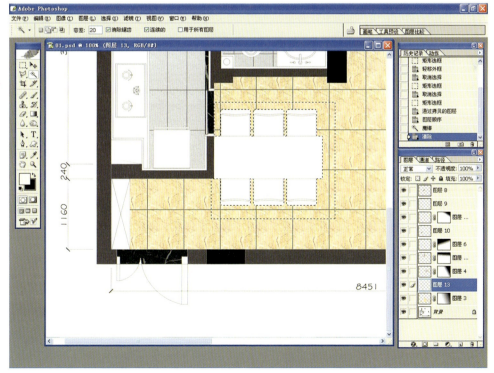

图4-15

④为当前家具图层添加投影，设置如图4-16所示。

⑤完成后效果如图4-17所示。

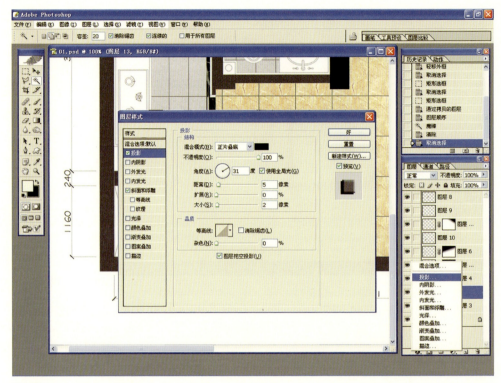

图4-16

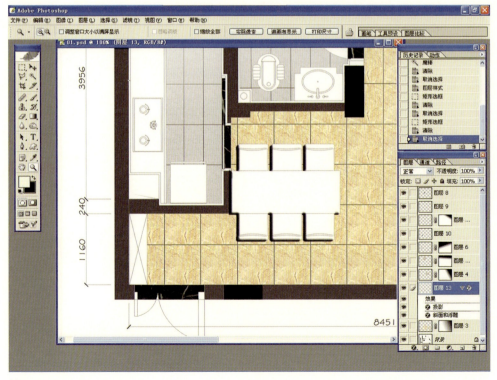

图4-17

⑥以同样的方法为其他家具添加家具投影，完成如图4-18所示。

⑦为客厅添加一张地毯，选择打开一张地毯图片，合并到当前文件，并将地毯图层顺序更改到沙发茶几之下，同样为地毯添加投影，调整后如图4-19所示。

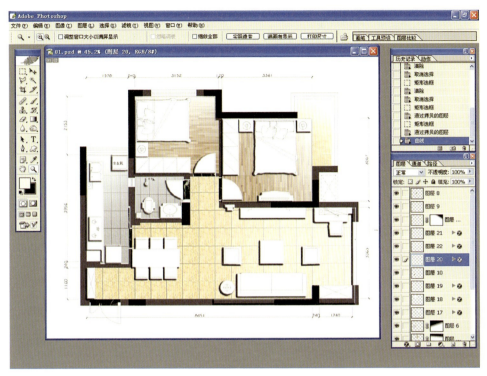

图4-18

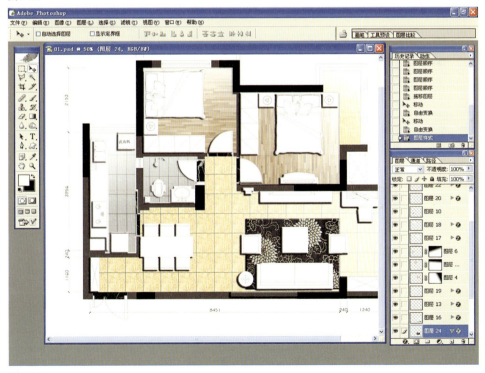

图4-19

⑧为灯具添加发光效果，新建一图层，将其调整到图层最上方，用椭圆选择工具"⬭"在灯具处画一个圆形，并羽化"2"，填充前景色，如图4-20所示。

⑨用复制的方法将灯具调整到其他光源位置，在背景层删除尺寸，如图4-21所示。

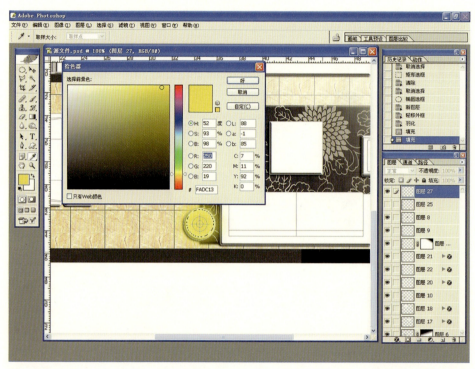

图4-20

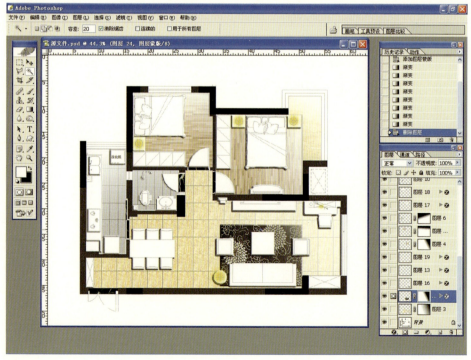

图4-21

⑩为厨房灶台添加大理石台，打开一张大理石图片，拖动其到当前文件，排列在灶台的上方，删除多余石材，并添加阴影和调整图层顺序，如图4-22所示。

⑪在素材库里找到厨房及卫生间家具，添加到平面图中，调整大小及位置，如图4-23所示。

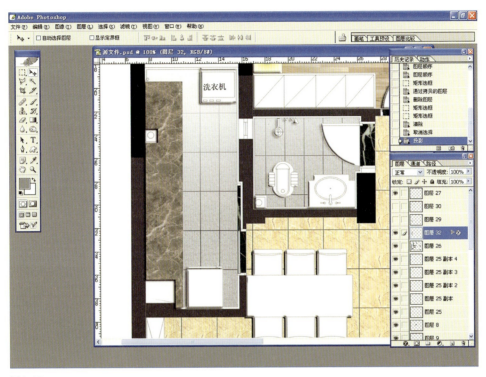

图4-22

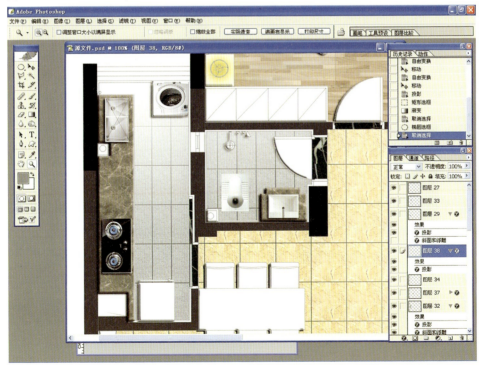

图4-23

⑫新建一图层来为窗户增加一个浅蓝色的色块，并调整图层的透明度以此来表示窗户的位置，如图4-24所示。

⑬在素材库里找到其他素材添加到平面图中，以此来丰富平面内容，将文件另存为"JPG"格式即可，至此，彩色平面图就制作完成，如图4-25所示。

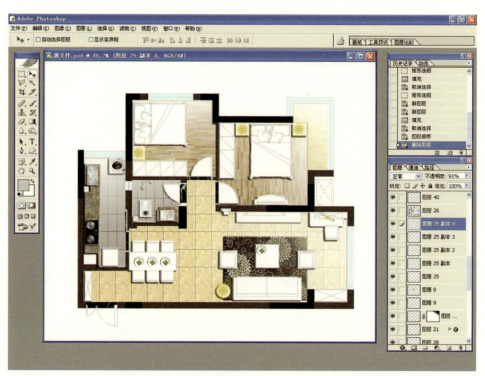

图4-24

图4-25

4.2 室内效果图后期处理

通过VR渲染出来的图像,整体颜色较暗,色调偏灰,光感不够强,当然VR渲染的功力却不是一朝一夕练就的,为了弥补这一问题,可在Photoshop中进行后期处理来解决上述几个问题。

4.2.1 对渲染的效果图进行构图处理
打开图像,先来分析一下图片,从大体上找出需要处理的地方,如图4-26所示。

①图像整体偏暗偏灰,光感不强烈(对比度不强烈)。

②窗户的黑色在画面的中间,在视觉的焦点上,更换窗,为电视机增加画面,为沙发背面画框增加画面。

③为顶上的射灯增加光晕来模拟灯的发光效果。

④调整画面的色彩对比度与清晰度。

⑤用裁切工具"🔲"对图像进行构图调整。

4.2.2 对渲染的效果图进行色彩调整
调整图像的整体偏暗,故运用曲线或者色阶为其提亮图像。

①将图像复制一层。

②选择"图像"→"调整"→"曲线"("Ctrl+M"快捷键),如图4-27所示。

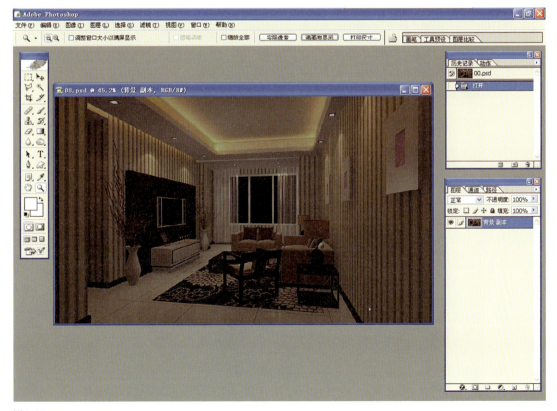

图4-26

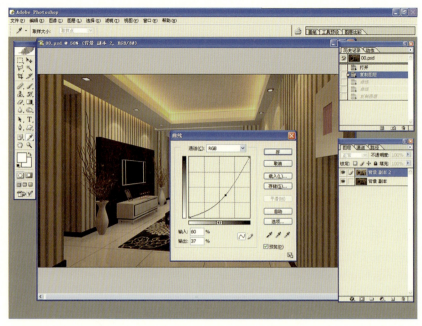

图4-27

4.2.3　对渲染的效果图进行全图细部调整

解决发灰的问题是渲染初期经常遇到的问题，其实这张图的暖色用得还不错，墙并不是很明显的灰，只不过看不出是白色的顶而已。

①将原图合并再复制一层，这样做的原因是保留原图的暖色调。

②在"图像"→"调整"→"图片过滤器"里进行设置，白色里面加一点点蓝色给人的感觉会更白一些，所以使用图片过滤器里的冷却滤镜是个不错的办法，在这张图中不妨使用得夸张一些，参数大些，可以用来模仿窗外的环境光，如图4-28所示。

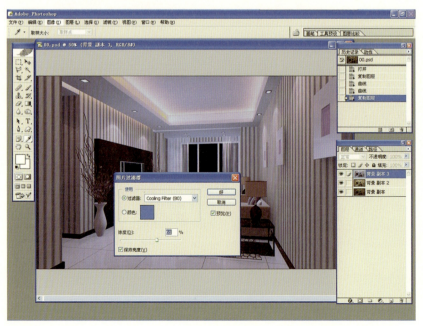

图4-28

③给调整为冷色调的图层加一个蒙版，选择"图层"→"添加图层蒙版"→"显示全部""前景色"和"背景色"设置为"默认"，在蒙版上做线型渐变，这张图采用的是径向渐变来调整，如效果不满意的话可以多试几次，如图4-29所示。

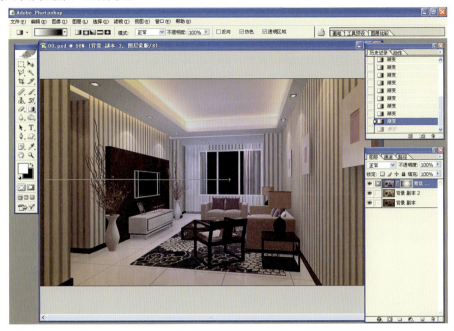

图4-29

4.2.4 添加天空、挂画、灯光光晕

窗外添加夜景、电视机画面、画框背景画。

①添加窗户夜景，打开一张夜景图片（可以网上下载），调整图片大小及位置与窗户相协调，裁剪多余部分，调整图片模式及透明度，如图4-30所示。

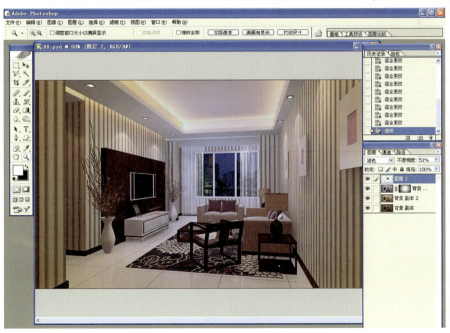

图4-30

图4-31

图4-32

②添加电视画面和画框背景，方法同添加窗户夜景一样，但要注意图像的透视关，如图4-31所示（小技巧：加入的图很难融入原图中，可以试着稍微降低一下不透明度和饱和度，一点点即可）。

③为顶上的射灯增加光晕来模拟灯的发光效果， 新建图层，将其填充为黑色，选择"滤镜"→"渲染"→"镜头光晕"进行设置，如图4-32所示。

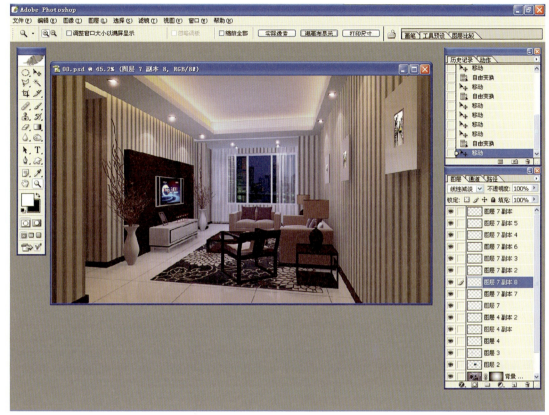

图4-33

④待光晕感觉满意后再将图层模式改为线形减淡,选择中间的光亮区域,羽化,反选删除,将这个光晕分别调整大小放置到有射灯的位置,如图4-33所示。

⑤调整整个画面的色彩对比度与清晰度,新建一图层,同时按"Shift+Ctrl+Alt+E"组合键,得到盖印可见图,选择"图像"→"调整"→"亮度/对比度",参数如图4-34所示。

⑥选择"滤镜"→"锐化"→"USM锐化",参数如(可用"Ctrl+F"组合键来重复刚刚的滤镜效果)图4-35所示。

图4-35

图4-34

⑦调整完成后效果如图4-36所示。

图4-36

4.3 室外建筑及环境效果图后期处理

本节主要讲解室外效果图后期处理，室外效果图后期处理可总结为三大部分。

4.3.1 建筑及环境效果图后期处理步骤

①确定制作的主题，即想要表达一个什么样的效果，是白天、黄昏、夜晚，还是晴天、雨天、冬天等。

②调整画面构图，更换天空、地面，添加植物和调整整体色调及细节处，这里主要是构图和色彩搭配，它直接影响着一张漂亮效果图的成败。

③光感处理，它的好坏决定该图的逼真程度。

4.3.2 构图与角度调整

①打开渲染的图像文件，对文件进行分析，如图4-37所示。

②确定表现主题，结合建筑色彩选择比较适合制作白天的景观以此来烘托建筑物。主要表现为建筑、天空在画面中所占比例较多。

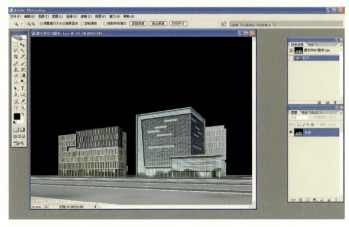

图4-37

③用裁剪工具""对画面进行构图调整，如图4-38所示。

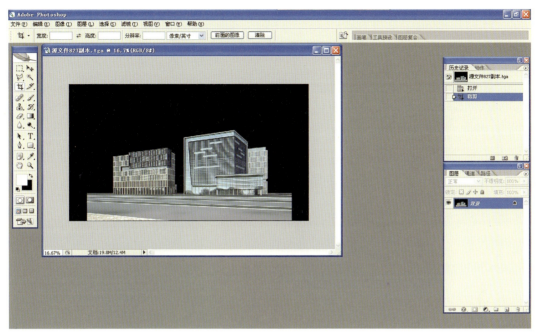

图4-38

4.3.3　室外环境的景物配置

①用魔棒工具""将建筑物与黑色背景分离出来，将建筑物单独放置在一个图层。

②制作天空背景（晴天），单击"工具箱前景色色块"，在弹出的"拾色器"对话框中设置前景色为天空最深的颜色，这里设置为"深蓝"，单击"背景色色块"，设置背景色为天空最浅的颜色，这里设置为"白色"，如图4-39所示。

图4-39

③选择工具箱渐变工具"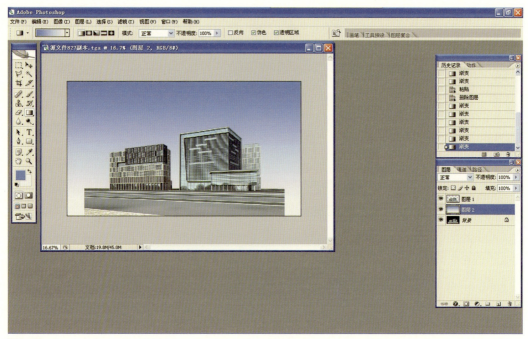"，在工具选项栏渐变列表框中选择"前景到背景"渐变类，再新建一图层作为天空图层，运用渐变工具制作天空背景，如图4-40所示。

④打开天空背景的图片素材，选择移动工具"　"，将其拖动复制至"场景"，调整图层排列顺序和图层透明度，如图4-41所示。

图4-40

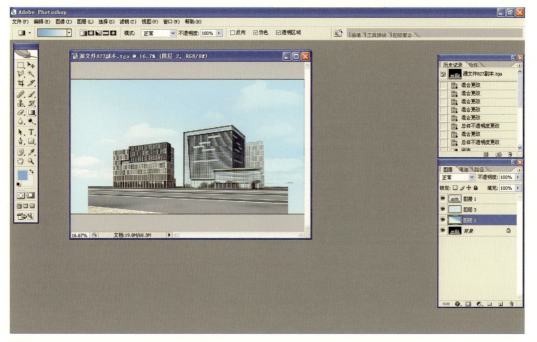

图4-41

⑤为建筑增加一些其他建筑配景，将配景文件拖动复制至"场景"，调整图层排列顺序和图层透明度，如图4-42所示。

图4-42

⑥使用树木配景可以使建筑与自然环境融为一体，因此在进行室外效果图的后期处理时，必须为场景添加一些树木配景，作为建筑配景的植物种类有乔木、灌木、花丛、草地等，通过不同的高矮层次、不同种类、不同颜色、不同种植方式的植物搭配，可以形成丰富多样、赏心悦目的园林景观效果，从而表现出建筑环境的优美和自然，打开树木配景文件拖动复制至"场景"，调整图层排列顺序，注意树木小和多少要与环境的透视关系相符合，要有远虚近实的变化关系，然后使用"Ctrl+L"组合键来调整每棵树木的色彩，如图4-43所示。

图4-43

⑦添加路灯、行人和汽车，步骤同前，如图4-44所示。

⑧更换马路，调整透视关系及大小，如图4-45所示。

图4-44

图4-45

⑨建筑物下面是商业街，为建筑下半部分增加一些商业氛围，合并一些广告及商业街铺的图片，并调整好透视关系，更改图层线性减淡模式，填充值改为"35%"，如图4-46所示。

⑩再调整其位置，删除多余的图片，为近处的玻璃幕墙上增加一个发光的LOGO文件，以此来凸显商业气氛，如图4-47所示。

图4-46

图4-47

4.3.4　色调与气氛

①调整画面气氛，通过制作发现天空比较灰，选择"天空图层"，用"Ctrl+M"曲线来增加天空的饱和度，如图4-48所示。

图4-48

②选择建筑物图层,用"Ctrl+M"曲线来增加建筑物的饱和度,如图4-49所示。

③新建一图层,放置最顶层,用快捷键"Ctrl+Shift+Alt+E"组合键来盖印所有图,用矩形选择工具"▣"在图上画一个矩形框,然后反选,再羽化,将羽化参数设置得大一些,如图4-50所示。

图4-49

图4-50

用"Ctrl+M"将画面四周调暗一点，以此来增加画面的视觉中心，如图4-51所示。

④选择"图像"→"调整"→"亮度/对比度"进行调整，如图4-52所示，以此来增加画面的饱和度。

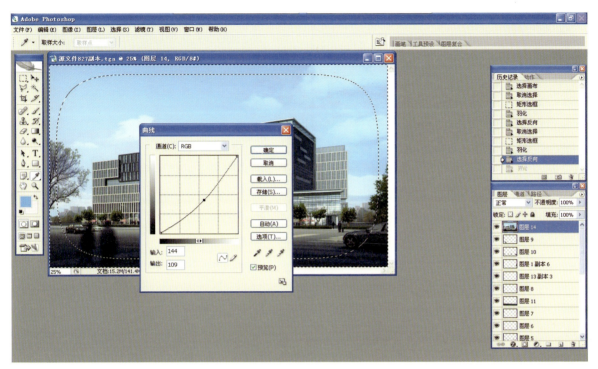

图4-51

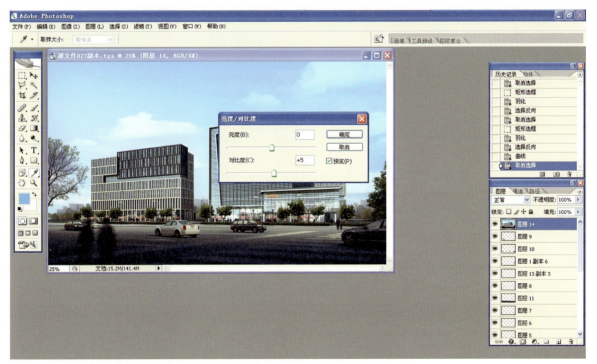

图4-52

⑤选择"滤镜"→"锐化"→"USM"锐化一下,以此来增加图像的清晰度,如图4-53所示。

将图像另存为JPG格式,观察最终处理完成的画面,如图4-54所示。

图4-53

图4-54

知识重点

1. Photoshop室内彩平图制作技巧。

2. 室内外效果图后期处理技巧。

作业安排

1. 将右图的CAD文件导入Photoshop中进行彩色平面图的制作。

①将AutoCAD平面图转到 Photoshop软件中。

②在Photoshop中运用"套索工具"和"选择工具"绘制墙体。

③在Photoshop中给不同房间绘制地面材质，要求有木地板、石材、瓷砖材质。

④在Photoshop中绘制家具或者导入家具。

2. 将右图的3ds Max渲染图进行Photoshop后期处理。

①利用"剪切工具"调整构图与角度。

②增加室外环境的景物配置。

③室外环境的灯光应用。

④色调与气氛综合处理。

平面布置图

1 特色景观矮墙
2 中心花池及雕塑
3 廊架
4 花池
5 木平台
6 自然石堆砌
7 景观挑台
8 植物草阶
9 汀步
10 休闲园路
11 异地样板房
12 入口平桥
13 儿童活动场地
14 售房部水景
15 样板房入户